가위는 왜
가위처럼 생겼을까

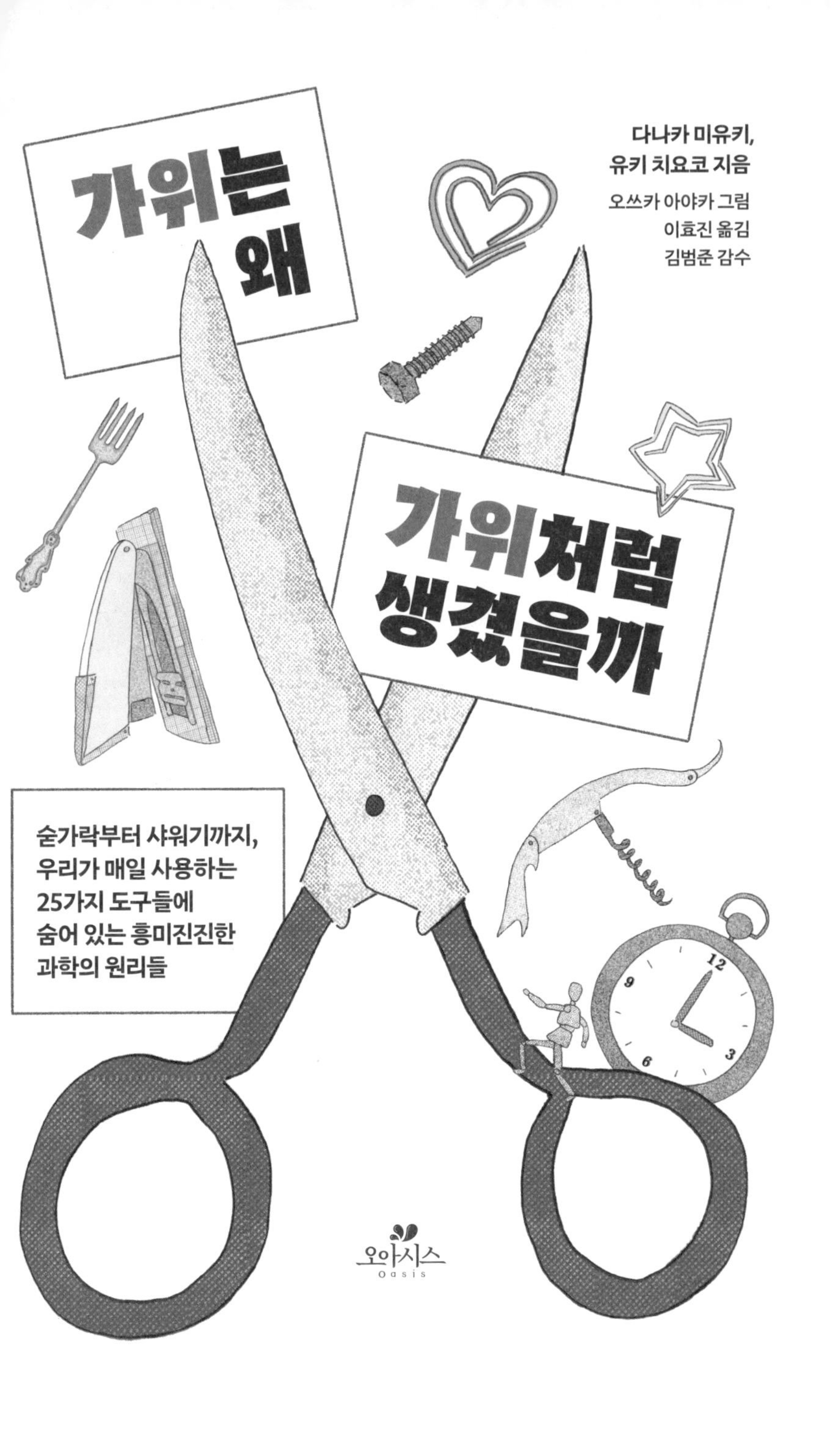
가위는 왜
가위처럼 생겼을까
다나카 미유키,
유키 치요코 지음
오쓰카 아야카 그림
이효진 옮김
김범준 감수
숟가락부터 샤워기까지,
우리가 매일 사용하는
25가지 도구들에
숨어 있는 흥미진진한
과학의 원리들
12
9
3
6
오아시스
Oasis

이유가 궁금했던 현상을 한순간 명쾌하게 물리학으로 설명할 수 있게 되는 순간이 간혹 있습니다. 이럴 때면 저는 등골이 오싹한 경이감과 함께 물리학이 정말 아름답다고 느낍니다. 이 책의 저자도 물리학의 이치에 맞는 도구가 아름답다고 말합니다. 우리 주변에서 쉽게 찾아볼 수 있는 익숙하고 친근한 여러 도구들은 물리학의 어떤 원리로 작동하는 것일까요? 흘려보내고, 꽂고, 분리하고, 유지하고, 옮기는 데 이용하는 25가지의 도구가 어떻게 작동하는지, 저자들의 친절한 설명이 펼쳐집니다. 숟가락과 와인 잔은 왜 하필 그런 모양인지, 드립 커피를 맛있게 내리려면 어떻게 하는 것이 좋은지, 책을 읽으면 알 수 있습니다. 안 아픈 주사기를 만드는 방법도, 가위가 어떤 원리로 작동하는지도 말입니다. 물리는 멀리 있지 않습니다. 우리가 매일같이 이용하는 숟가락과 포크에, 가위와 스테이플러에, 자동차 바퀴와 젓가락에 물리가 담겨 있습니다. 이 책의 친절한 안내를 따라 우리 일상의 경이로운 물리의 세계를 만나 보세요. 물리의 눈으로 바라보면 세상은 더 아름다워 보입니다.

— **김범준**, 성균관대학교 물리학과 교수

《가위는 왜 가위처럼 생겼을까》는 일상의 사물에 숨어 있는 물리의 비밀을 풀어내며, 독자들에게 새로운 흥미를 선사하는 책입니다. 이 책은 우리가 매일 사용하는 도구들에 담긴 과학적 원리를 쉽게 설명해 주어, 물리가 얼마나 흥미롭고 매력적인 학문인지를 자연스럽게 느끼게 합니다. 책을 읽다 보면 평범한 일상 속 사물들이 마치 새롭게 발견된 보물처럼 다가옵니다. 왜 숟가락은 둥글고 오목한지, 샤워기의 물줄기는 어떻게 강하게 나오는지, 빵칼은 왜 물결무늬인지 등 우리가 평소에 무심코 지나쳤던 도구들의 형태와 기능에 숨겨진 물리 법칙들을 하나하나 밝혀 줍니다. 저자들은 물리학자로서의 깊은 지식과 함께 일상 속 사물들에 대한 호기심과 애정을 가득 담아 이 책을 써 내려갔습니다.

또 이 책은 물리에 대한 전문 지식이 없는 사람도 쉽게 이해할 수 있도록 구성되어 있습니다. 복잡하고 어려울 수 있는 물리 법칙들을 일상 속 사례를 통해 알기 쉽게 설명함으로써 독자들이 자연스럽게 물리에 대한 흥미와 이해를 높일 수 있도록 돕습니다. 저자들의 열정과 노력이 담긴 이 책은, 과학에 대한 새로운 시각을 제공하며 독자들에게 물리의 아름다움과 재미를 선사할 것입니다. 이 책을 통해 물리의 세계로 떠나는 흥미진진한 여행을 시작해 보세요. 일상 속 사물들에 대한 새로운 발견과 함께 과학의 매력을 더욱 깊이 느낄 수 있는 소중한 경험이 될 것입니다.

— **유우종**, 《이과형의 만만한 과학책》 저자 · 과학 크리에이터 '이과형'

아버지가 만들어 주신 작은 도구들에서 발견한 신비로운 물리의 세계

저의 아버지는 목수이셨습니다. 다양한 물건을 만들었는데, 주로 가마에서 밥을 지을 때 사용하는 가마솥의 목제 뚜껑을 만드는 일로 돈을 버셨습니다. 그러다 1955년경에 가스와 전기밥솥이 상용화되면서 아버지는 가업을 빠르게 접으셨고, 제가 초등학교에 올라갈 때쯤에는 직장에 다니셨습니다.

그래도 일요일에는 도구함을 펼쳐 놓고 끌이나 대패를 손보는 등 공구 관리를 소홀히 하지 않으셨지요. 가끔 인형 케이스나 칼, 작은 칼의 칼집 등 집 안에 있는 물건을 정성스럽게 다듬으셨습니다. 손자인 제 아이들에게는 학교 책상 크기에 꼭 맞춘 서랍을 만들어 주기도 하셨습니다. 아버지가 만들어 주신 모든 물건은 정확히 크기가 들어맞았고 그 모양 또한 매우 아름다웠습니다. 그래서일까요? 저는 '도구'라는 말을 들으면 아버지의 도구함, 그리고 아버지가 작업하시는 모습을 침을 꼴깍 삼키며 바라보고 있던 저의 어린 시절 모습이 떠오릅니다. '이치에 맞는 물건은 아름답다'라는 평소의 제 생각도 어쩌면 아버지에게 물려받은 재산인지도 모르지요.

어려서 아버지가 만들어 주신 도구의 아름다움에 반했던 저는 크면서 자연스럽게 사물의 원리인 물리를 배우며 물리의 아름다움에 매료되고 말았습니다. 아버지와의 추억에서 시작해 물리의 길로 나아가게 된 저는 이렇게 설레는 마음을 안고 책을 쓰고 있습니다.

또 한 명의 저자의 생각은 에필로그에 적혀 있습니다. 저자가 둘이다 보니 어떤 방식으로 글을 쓰냐는 질문을 많이 받는데, 저희는 둘이 함께 쓰고 있습니다. 처음에 둘 중 한 명이 전체적인 내용을 쓰고 이후에는 서로 공을 주고받듯이 원고를 주고받으며 글을 완성해 나갑니다.

저희는 대학 동기인데, 지금까지 물리에 관한 책을 여러 권 함께 썼습니다. '엄마와 과학'이라는 활동도 하고 있습니다. 그 활동의 일환으로 매달 발행하고 있는《신기한 신문》(아이들의 궁금증을 모아서 답변해 주는 신문 - 옮긴이)은 어느덧 200호가 넘었습

니다. 코로나 사태로 인해 중단되었던 '과학 놀이 교실'도 다시 시작하려고 합니다. 이전 저서인《기묘한 실험실 시리즈ワンダー・ラボラトリシリーズ(국내 미출간)》의 프롤로그에서 '음악과 미술을 즐기듯이 물리를 즐겼으면 좋겠다'라는 말을 했는데 이미 그 목표는 달성한 셈입니다.

이번에는 인간이 오랜 세월 동안 얻은 지혜로 만든 도구에는 물리의 이치가 담겨 있다는 메시지를 전하고, 아울러 지금까지처럼 학문으로서의 물리를 더 친근하고 부담 없이 쉽게 즐기길 바라는 마음으로 이 책을 썼습니다.《가위는 왜 가위처럼 생겼을까》는 그 집대성이라고 할 수 있으니, 독자들도 어깨의 힘을 빼고 가벼운 마음으로 읽어 주기를 바랍니다.

이 책은 '흘려보내는 도구', '꽂는 도구', '분리하는 도구', '유지하는 도구', '옮기는 도구'의 5장으로 이루어져 있습니다. 각각의 장에서 5개의 도구를 소개하고 있기 때문에, 총 25개의 도구에 적용된 물리 법칙을 알 수 있습니다. 먼저 각 장의 제목을 정하고 그 제목을 보고 떠오르는 도구에 대해 썼습니다.

무게와 질량의 차이처럼 물리 전문가들에게는 익숙하고 당연한 개념을 하나씩 찾아내서 물리에 관심이 없는 사람도 이해할 수 있도록 설명하는 일이 물론 쉬운 작업은 아니었습니다. 한편으로는 '이것도 아니고 저것도 아니네'라며 원 없이 고민하는 행복한 시간이기도 했지만요. 그리고 '원심력'은 실제로 존재하지 않는 가상의 힘인데, '원심력이 작용해서'와 같이 잘못 사용되고 있는 표현을 물리 전문가로서 그냥 넘어가지 못하고 주저리주저리 설명하기도 한 부분은 양해 부탁드립니다.

사실 이 책에서 소개하는 도구 대부분은 우리가 일상에서 활용하고 있는 것들입니다. 하지만 사람들은 매일 도구를 사용하면서도 그 안에 숨어 있는 물리의 법칙까지 생각하지는 않습니다. 절대 음감을 가진 사람들이 '모든 소리가 음계로 들린다'라고 말하듯, 물리를 생업으로 삼고 있는 사람도 비슷하지요. 하지만 일상에 어떤 물리 법칙이 숨어 있는지 입 밖으로 꺼내 설명하는 일은 거의 없습니다. 다른 업종에 종사하는 가족이나 지인들에게 이런 이야기를 꺼냈다가는, '아, 또 시작이군'이라며 피곤해할 것이 뻔하기 때문입니다. 그러나 일상생활 속에서 '이건 관성의 법칙이네', '탄성의 한계를 넘었네'라는 생각이 저도 모르게 드는 것은 사실입니다. 우리에게 물리는 일이자 취미이며 사물의 원리를 생각할 때 사용하는 '도구'이기도 하니까요.

이 책에서 소개하는 모든 도구와 물리 이론에 관해 공통적으로 말할 수 있는 사실은 '이치에 맞는 물건은 아름답다'라는 것입니다. 자, 그럼 이제부터 물리가 빚어내는 아름다운 세계로 안내하겠습니다.

다나카 미유키

차례

2장 | 꽂는 도구

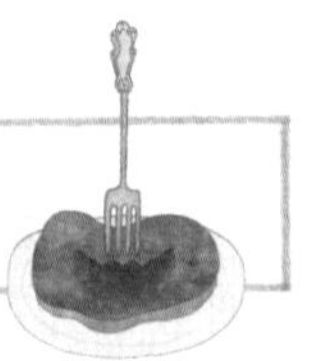

3장 | 분리하는 도구

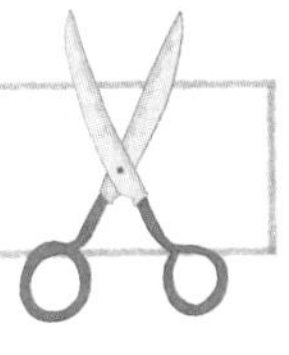

4장 | 유지하는 도구

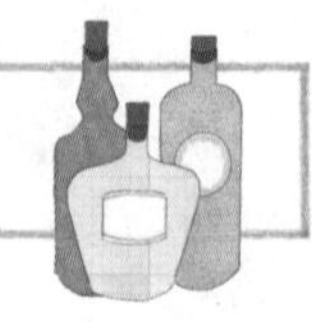

5장 | 옮기는 도구

1장

흘려보내는 도구

우주에서 와인을 쏟으면 어떻게 될까요? 미국항공우주국NASA이 공개한 실험 영상을 보면 쏟은 와인이 둥근 덩어리가 되어 둥둥 떠다닙니다. 반면, 중력이 작용하는 지구에서는 와인이 밑으로 떨어지고, 테이블에 닿으면 수평으로 펼쳐집니다.
물 등의 액체나, 바람 등의 기체, 모래와 같은 알갱이 덩어리는 '유체'라고도 불리며 정해진 형태가 없습니다. 흘려보내는 도구는 이러한 유체를 의도한 대로 움직일 수 있게 연구해서 만들어 낸 결과물입니다. 부드럽게 흘려보내기 위한 도구에 숨겨진 물리의 법칙을 살펴보겠습니다.

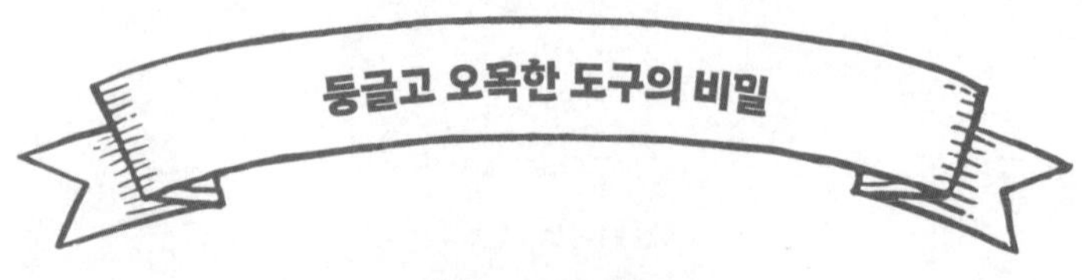

숟가락

#점과면

아주 오래전, 목이 마른 사람들은 오목한 손바닥으로 샘물을 퍼 올려 빠르게 입으로 가져갔습니다. 이것이 숟가락의 시작이 아니었을까 생각합니다. 숟가락은 손바닥을 오목하게 오므릴 때 손과 팔의 모습과 닮아 있습니다. 그렇다면 숟가락은 언제부터 지금과 같은 모양이 되었을까요?

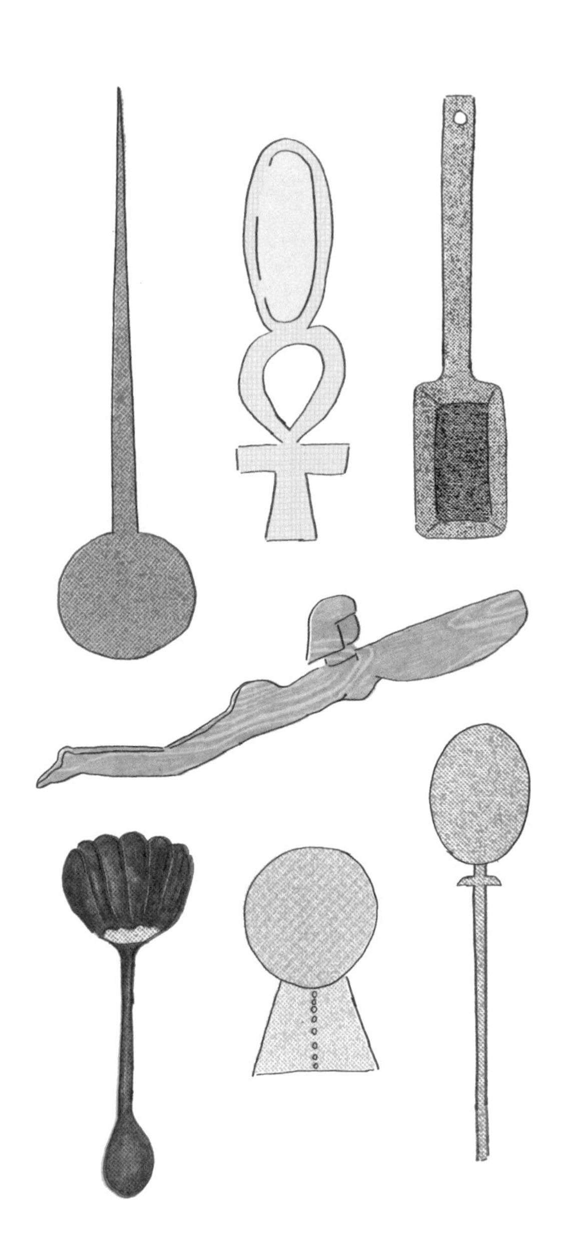

: 숟가락은 언제부터 이런 형태가 되었을까? :

숟가락의 역사를 거슬러 올라가 봅시다. 처음부터 숟가락이 식사 도구로만 쓰였던 것은 아닙니다. 고대 이집트 시대에는 손잡이에 여인의 모습이 새겨진 '화장 스푼'이라고 불리는 숟가락이 등장했습니다. 다만, 몸을 치장하거나 화장할 때 사용되었던 흔적은 남아 있지 않고 주로 악귀를 쫓을 때 사용한 것으로 보입니다. 지금은 숟가락의 오목한 부분이 둥근 모양이지만, 이 시대의 숟가락은 각진 사각형이나 극단적으로 길쭉한 타원형 등 다양한 형태였습니다.

숟가락이 본격적으로 식탁에 오르게 된 시기는 식사 예절을 중시하게 된 중세 시대입니다. 부유층 사이에서 은 숟가락이 널리 사용되면서 부의 상징이 되었고 이때부터 숟가락을 화려하게 꾸미기 시작했습니다. 서민이 숟가락을 사용하기 시작한 것은 17~18세기경이라고 합니다.

식사 도구로 사용되고 나서부터는 일반적으로 숟가락의 오목한 부분은 위에서 봐도 옆에서 봐도 매끈한 타원형이나 계란형으로 바뀌었습니다. 그 이유는 명확합니다. 그렇게 하는 편이 국물 등의 음식을 뜨기 쉽고 입에 넣을 때도 편하기 때문입니다. 그렇다면 왜 각진 모양보다 둥근 모양이 먹기에 더 편할까요?

○와 □ 중에 무엇이 더 먹기 편할까?

숟가락의 음식이 닿는 부분을 원과 사각형이라는 단순한 도형으로 바꿔서 비교해 봅시다. 각각의 숟가락으로 국물을 떠먹

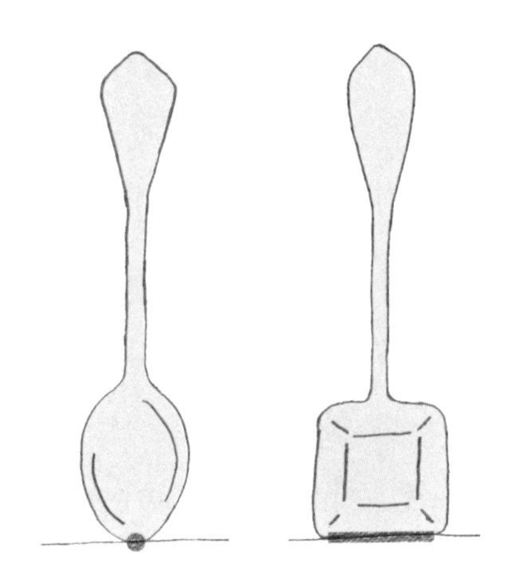

숟가락과 입술의 접촉면 차이

는다고 상상해 보면, 입술과 접촉하는 부분에 차이가 있습니다.

21쪽의 그림을 보세요. 단순화하기 위해 입술은 직선으로 표현하였습니다. 둥근 모양은 입술과의 접점이 한 군데이기 때문에 그 한 점을 통해 국물이 입속으로 흘러 들어갑니다. 왜냐하면, 원은 직선이 없는 도형이라 다른 직선과 접할 때 반드시 한 점에서 만나기 때문입니다. 반면, 네모 모양의 숟가락은 한 변이 모두 입술과 닿기 때문에 국물이 흐르는 면적이 넓습니다. 둥근 모양처럼 한 점으로 모이지 않기 때문에 입에 넣을 때 쉽게 흘릴 수밖에 없습니다. 물론 입술이 직선은 아니지만 이와 비슷한 상황이 실제로 발생합니다.

그렇다면 사각형의 모서리 쪽으로 마시면 입술과의 접점이 한 군데이니까 흘리지 않고 먹을 수 있지 않느냐고 물을 수 있습니다. 날카로운 지적입니다. 하지만 실제로 해 봤더니 잘 안 되더군요. 일본에는 마스자케라고 하는 네모난 모양의 됫술 잔이 있습니다. 이 술잔의 모서리에 입을 대고 마시면 천천히 기울였다고 생각했는데도 어느 순간 입안으로 술이 잔뜩 흘러들어 와 쏟을 뻔하게 됩니다. 왜 그런 걸까요? 물론 술잔의 깊이와 연관이 있기도 하지만, 모서리로 마시면 액체는 더 빠르게 흐르기 때문입니다. 그 이유는 입체적으로 생각해 보면 쉽게 이해할 수 있습니다.

: 각진 숟가락으로 뜨거운 국물을 마시면 안 되는 이유 :

24쪽의 그림을 보면, 말풍선 속 그림은 숟가락의 오목한 부분을 바로 위에서 자른 단면도입니다. 파란색과 빨간색으로 나타낸 부분은 둘 다 숟가락으로 뜬 국물을 나타냅니다. 그중 숟가락의 표면과 닿지 않는(숟가락과의 마찰이 영향을 주지 않는) 부분을 빨갛게 표시하였습니다. 이렇게 비교하면 빨간 부분의 크기에 큰 차이가 있다는 사실을 알 수 있습니다. 이 차이가 입속으로 흘러 들어가는 액체의 속도에 영향을 줍니다.

흘러가는 강물을 떠올려 보세요. 강의 상류는 아래의 그림과 같이 단면이 역삼각형으로 되어 있어 유속이 빠릅니다. 반면, 하류로 갈수록 침식 작용으로 인해 강바닥이 깎여서 위의 그림처럼 단면이 평평한 반원형에 가까워지고 강물은 천천히 흐릅니다. 하류에서는 강바닥과 접하는 면적이 넓어지기 때문에 마찰로 인해 물의 속도가 느려지는 것입니다.

숟가락에서도 이와 같은 현상이 발생합니다. 오목한 숟가락

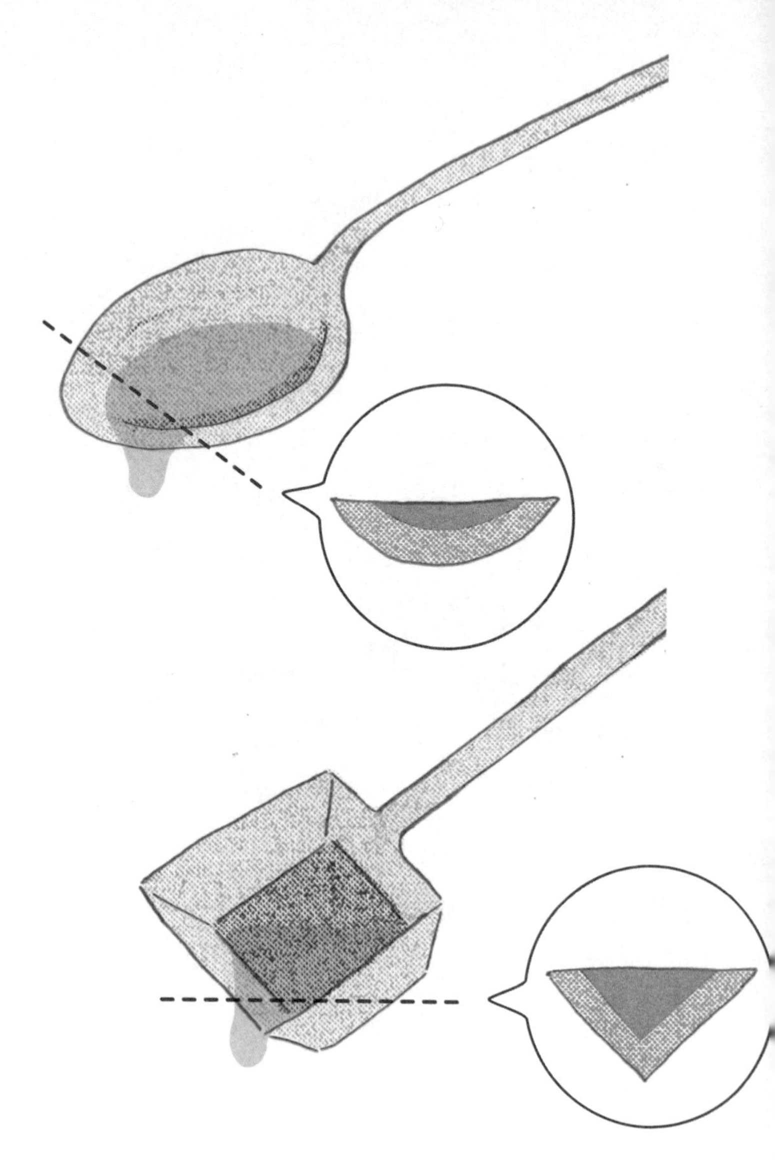

둥근 숟가락의 단면은 평평한 반원형, 네모난 숟가락의 단면은 역삼각형이다.

의 단면은 넓적한 반원형으로, 강 하류와 같이 바닥이 얕고 숟가락 표면과의 거리가 어디든 거의 비슷합니다. 이 때문에 마찰의 영향을 균등하게 받아 전체적으로 같은 속도로 완만하게 흘러갑니다.✦

한편, 각진 숟가락의 단면은 역삼각형 모양으로 되어 있어서 기울이면 각을 이루는 두 개의 경사면에서 액체가 미끄러지듯이 모여 갑자기 양이 늘어납니다. 특히 가운데 부분은 숟가락의 표면과 닿지 않아 마찰의 영향도 거의 받지 않습니다. 그러다 보니 숟가락을 기울이면 생각보다 빠르게 액체가 흘러내립니다.

뜨거운 국물을 마시려고 각진 숟가락을 기울였는데 갑자기 국물이 입안으로 한꺼번에 들어오는 상황을 상상해 보세요. 자칫하다가 화상을 입을지도 모른다고 생각하니 납득이 됩니다. 역시 숟가락의 오목한 부분은 위에서 보더라도 옆에서 보더라도 완만한 둥근 모양인 편이 좋겠네요. 숟가락처럼 작은 도구도 오랫동안 사용하는 과정에서 불필요한 부분은 사라지고 지금의 모습으로 변했다고 생각하니 감격스러울 따름입니다.

✦ 흐르는 물에도 점성이 있다는 사실을 아시나요? 물의 점도는 온도가 높을수록 낮아집니다. 20℃ 물의 점도가 1이라면 35℃에서는 0.7, 55℃에서는 0.57, 100℃에서는 0.3입니다. 나이가 들수록 음식물을 삼키기가 힘들어지는 노인들이 약을 먹을 때 냉수가 아니라 미지근한 물을 마시면 좋은 이유도 이 때문입니다. 여러분도 약을 먹을 때, 냉수와 미지근한 물로 먹어 보고 느낌을 비교해 보세요. 차가운 물은 시원하기는 하지만 목에 들러붙는 듯한 느낌이 들 것입니다.

더 알아보기

아이스크림 숟가락 이야기

숟가락은 음식이 닿는 오목한 부분과 손잡이로 구성되어 있습니다. 우리가 뜨거운 음식을 안전하게 뜰 수 있는 것은 손잡이가 있기 때문이죠. 하지만 알루미늄이나 은으로 된 숟가락은 요즘 많이 쓰이는 스테인리스 소재의 숟가락과 비교하면 손잡이가 뜨거웠습니다. 스테인리스보다도 알루미늄이나 은이 열을 더 잘 전달하는 물질이기 때문입니다.

열이 전달되는 현상을 '열전도'(256쪽 참고)라고 합니다. 열전도란 열이 온도가 높은 부분에서 낮은 부분으로 옮겨 가는 현상을 말합니다. 일반적으로 금속은 열을 잘 전달하는 물질입니다(나무는 열전도율이 낮기 때문에 철로 된 프라이팬의 손잡이에 많이 사용됩니다). 이러한 열전도 현상을 활용한 것이 아이스크림 숟가락입니다. 끝이 뾰족한 숟가락을 이용해도 얼어 있는 아이스크림을 뜨려면 쉽지 않습니다. 그래서 힘을 주어서 억지로 아이스크림을 뜨기보다는 손가락의 열이나 방의 온도로 데워진 금속 숟가락(일본에서는 아이스크림을 먹을 때 끝부분이 평평한 네모 모양의 금속으로 된 숟가락을 사용하는 경우가 많다 - 옮긴이)으로 차가운 아이스크림을 조금씩 녹이는 방법을 생각한 것입니다.

아이스크림 숟가락은 열이 잘 전달되는 알루미늄을 많이 사용합니다. 열전도가 잘 된다는 말은 쉽게 따뜻해지고 쉽게 차가워진다는 의미입니다. 퍼 올린 아이스크림으로 인해서 금속 숟가락은 바로 다시 차가워지기 때문에 아이스크림을 차가운 채로 먹을 수 있습니다. 입으로 들어간 숟가락은 체온으로 인해 다시 아이스크림을 녹일 수 있는 온도가 됩니다.

아이스크림 숟가락에는 아이스크림과 접촉 면적을 넓혀 열이 쉽게 전달되도록 하려는 의도가 담겨 있습니다. 따라서 뜬 음식을 한 점으로 모아서 흘려보내도록 만들어진 일반 계란형 숟가락과는 달리 아이스크림 숟가락은 한 면이 닿을 수 있도록 끝이 평평한 형태입니다. 이렇게 목적에 따라 도구의 모양이 달라집니다.

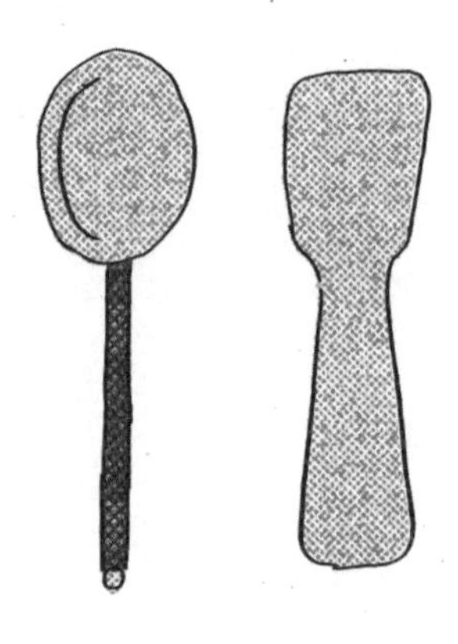

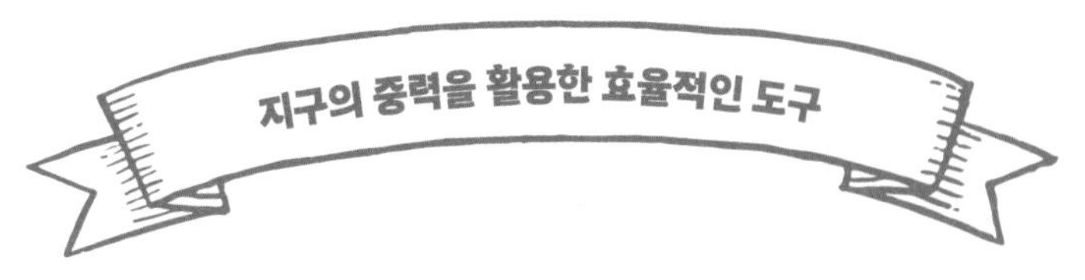

깔때기

#중력 #압력

깔때기는 우리에게 익숙한 도구입니다. 일반적으로는 화학 실험 등에서 여과할 때 사용하는 유리로 된 실험 기구, 간장이나 맛술 등을 입구가 좁은 병에 옮길 때 사용하는 도구 들이 일상에서 흔히 접하는 깔때기의 모습입니다. 식재료를 저장하는 거대한 사일로silo(곡물, 사료, 시멘트 등의 저장고를 말하며 세로로 긴 원통 형태를 띠고 있다-옮긴이)의 아랫부분도 깔때기 모양으로 되어 있어 쉽게 적당량을 꺼낼 수 있습니다. 작은 물건 중에는 모래시계도 깔때기의 한 종류입니다. 깔때기에 천이나 종이를

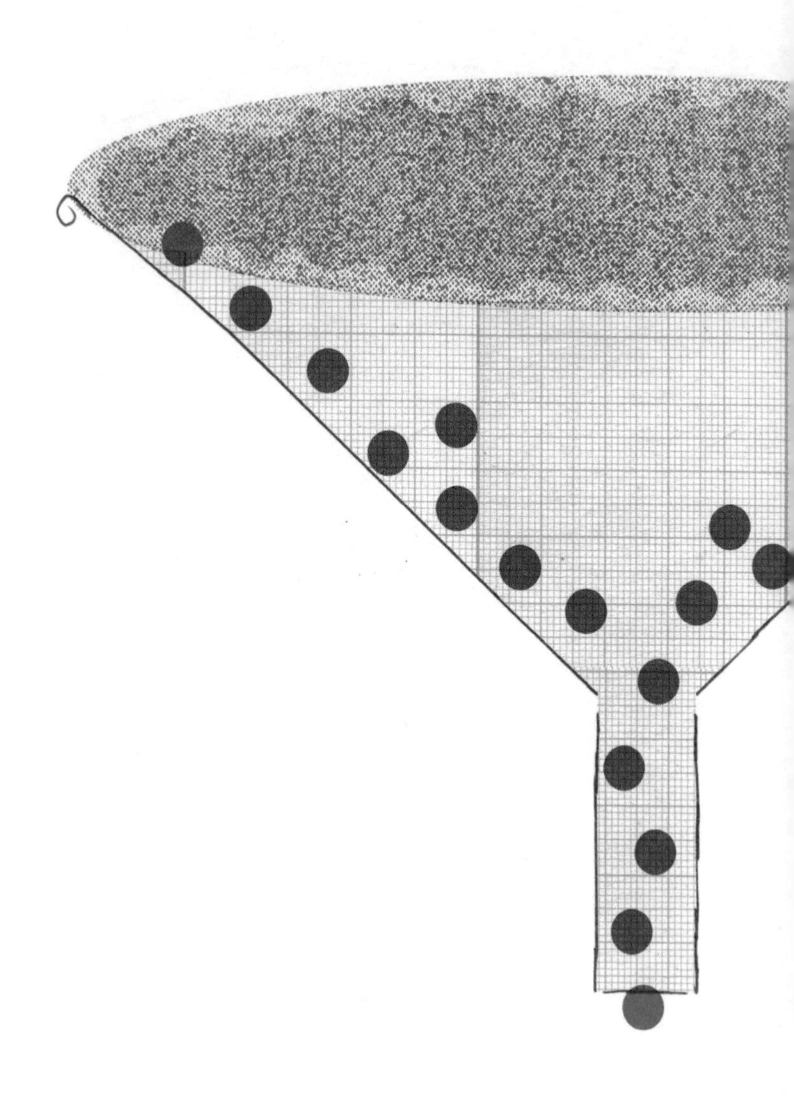

깔면 여과도 할 수 있어서 드립 커피를 내릴 때나 기름을 거를 때도 사용합니다.

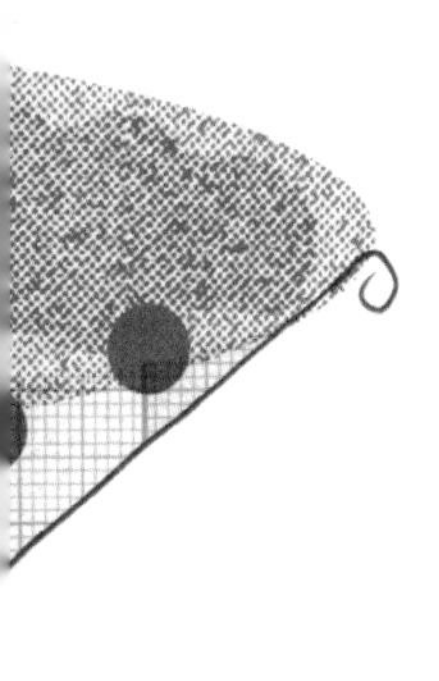

이처럼 일상생활 곳곳에 숨어 있는 깔때기는 원뿔을 거꾸로 한 듯한 몸통에 얇은 관이 달린 도구입니다. 단순한 모양을 하고 있어서인지 자연 속에서도 많이 찾아볼 수 있습니다. 모래시계나 간장을 옮겨 담는 깔때기의 모습을 관찰하면서 도구에 숨어 있는 물리의 법칙을 찾아봅시다.

개미지옥에 한 번 빠지면 왜 빠져나올 수 없을까?

깔때기와 비슷한 역할을 하는 것은 자연 속에서도 찾을 수 있습니다. 개미지옥이라고 하는 개미귀신의 집이 그 예입니다. 한 달 정도 살다가 짧은 생을 마감하는 명주잠자리는 유충 때는 개미귀신이라는 이름으로 불리는데, 모래를 파고 들어가 구멍 밑에서 2년 정도 차분히 먹이를 기다립니다.

입구가 넓고 밑으로 갈수록 좁아지는 개미귀신의 집은 깔때기와 마찬가지로 거꾸로 된 원뿔형입니다. 한번 개미지옥에 빠진 생물은 기어오르려고 버둥거릴수록 경사면의 모래가 무너져 더 아래로 미끄러집니다.

아래로 미끄러진다는 것은 어떤 상황일까요? 경사면에 물건을 두면 조금씩 아래쪽으로 미끄러져 내려갑니다. 지상에 있는 모든 물건에는 지구가 물체를 잡아당기는 힘, 이른바 중력이 작용하고 있기 때문입니다.

특별한 힘이 있을 것이라고 기대했는데 겨우 중력이 원인이라고 하면 실망하는 사람이 있을지도 모르겠습니다. 하지만 이 중력을 무시해서는 안 됩니다. 만약 중력이 없었다면 우리는 땅 위에 서 있을 수도, 책상 위에 물건을 놓을 수도 없습니다. 수도꼭지에서 물이 떨어지지도 않을 것입니다. 자동차가 땅 위를 달리고 댐에 물이 고이고 지구에 대기가 존재하는 것도 중력이 있기 때문입니다. 물론 도구에 적용되는 물리 법칙도 중력 없이는 설명할 수 없습니다. 우선은 중력 이야기부터 해 보겠습니다.

: 사물과 사물이 끌어당기는 힘, 만유인력 :

고대 그리스 시대에도 사람들은 지면에 사물을 끌어당기는 힘이 있다는 사실을 알고 있었습니다. 다만 그 생각은 현재의 중력에 대한 생각과는 큰 차이가 있었습니다. 당시에는 사물의 무게가 그 물건에 내재된 성질에 의해 결정된다고 여겼습니다. 예를 들어, 돌은 흙 원소로 되어 있기 때문에 깃털보다 지면에 달라붙는 힘이 강하다고 생각했습니다. 여기서 말하는 '흙 원소'는 사물의 성질을 나타내는 추상적인 개념으로, 실제로 존재하는 흙을 의미하지는 않습니다.

당시 사람들은 지구가 하나의 둥근 행성이라는 사실을 몰랐습니다. 나중에 천체 연구가 이루어져 지구가 평평하지 않고 둥글다는 사실이 알려지자 이번에는 '지구를 중심으로 태양과 별이 돌고 있는가' 아니면 '태양 주변을 지구가 돌고 있는가'를 둘러싸고 활발하게 논의가 이루어졌습니다. 이때부터 사람들은 중력의 존재를 인식하기 시작했습니다. 사물이 떨어지는 것은 지구의 당기는 힘 때문이라고 보고 사물이 떨어질 때의 움직임을 열심히 관찰하였습니다.

연구가 많이 이루어진 17세기에는 아이작 뉴턴✦이 등장했습니다. 당시 학생이었던 뉴턴은 지구의 중력이 지상의 사물뿐만 아니라 달에도 존재한다고 생각했습니다. 또 모든 사물과 사물 사이에는 각각 서로 끌어당기는 힘이 존재한다고 믿었고 '만유인력의 법칙'을 발견했습니다.

뉴턴은 인력의 크기는 사물의 내재적인 성질이 아니라 외재적인 성질로 결정된다고 생각했습니다. 그가 제시한 외재적 성질이란 '깃털은 쉽게 움직이고 돌은 움직이기 힘들다'와 같이 '물체를 움직이기 어려운 정도'를 말하는 것입니다. 뉴턴은 이렇게 사물의 외재적 성질로 질량의 크기를 결정하고 질량이 클수록 무겁다고 규정했습니다.

지구와 인간, 인간과 인간 사이에도 만유인력은 존재합니다. 하지만 지구의 질량이 너무 크기 때문에 일반적으로 사물은 지구의 중심으로 끌어당겨집니다. 반면 나와 연필, 나와 자동차 사이에서 발생하는 인력은 지나치게 작아서 거의 느낄 수 없습니다. 이 때문에 우리는 매일 지구가 사물을 잡아당기는 힘인 중력⁺⁺만이 작용하고 있다고 느끼는 것입니다.

: 미끄럼틀과 깔때기의 공통점 :

경사면으로 둘러싸인 구조 안의 물체는 모두 지구의 중력이 작용해 미끄러져 내려갑니다. 인간이나 개미귀신은 자연의 힘을 이용해서 물건을 아래로 떨어뜨리고 있는 것입니다.

그런데 이러한 현상은 모두 비슷해 보이지만 조금씩 다릅니다. 둘의 차이를 예를 들어 설명해 보겠습니다. 개미지옥의 모래는 미끄럼틀 위에서 한 명씩 순서대로 타고 내려오는 아이들처럼 각각의 조각이 단독으로 움직입니다. 반면 깔때기 속의 모래는 손을 잡거나 무릎 위에 앉아서 함께 내려오는 아이들처럼 한꺼번에 움직입니다. 게다가 바로 뒤에서는 비슷한 아이들이 계속해서 내려오고 있고, 미끄럼틀을 타려는 아이들의 긴 줄이 늘어서 있습니다. 상상해 보세요. 이런 상황에서는 더 이상 혼자 원하는 대로 움직일 수 없게 됩니다. 이처럼 깔때기가 가득 채워져 있으면 안에 있는 재료 전체가 하나의 덩어리가 되어, 자유롭게 움직일 수 없습니다.

또 미끄럼틀은 경사면이기 때문에 앞쪽에 있을수록 뒤쪽에서 누르는 체중이 커집니다. 따라서 제일 앞에 있는 아이가 받는 압력은 엄청납니다. 마찬가지로 깔때기에 물을 가득 넣으면 아래쪽에 가장 강한 압력이 가해집니다. 압력이란 1㎡의 평면에 가해지는 힘을 말합니다. 물의 압력은 수압이라고 하는데, 깊으면 깊을수록 물의 무게가 더해지기 때문에 수압은 커집니다.

깔때기 아래쪽에 가해지는 압력은 이것뿐만이 아닙니다. 지

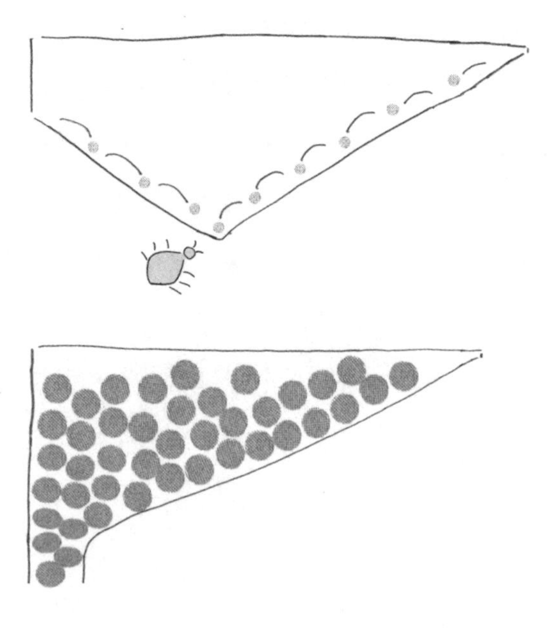

하나씩 따로 미끄러져 내려오는 개미지옥의 모래(위)와 하나의 덩어리가 되어 내려오는 깔때기 속 모래(아래)

구를 둘러싸고 있는 대기(공기)에도 대기압이 있습니다. 기체에도 작지만 질량이 있기 때문에 지표에 가까워질수록 상공의 대기 무게가 더해져 대기압이 커집니다. 대기압은 공기가 닿는 모든 물건에 작용하기 때문에 당연히 수면에도 작용합니다. 깔때기 안에 있는 물은 물 자체의 무게뿐만 아니라 수심으로 인한 수압과 수면을 누르는 대기압으로 인해 아래로 계속해서 내려가는 것입니다. 이렇게 보면 깔때기만큼 중력을 잘 활용한 도구도 없습니다.

여담이지만 깔때기 안에 물이 얼마 남지 않았을 때 나타나는 아름다운 현상이 있습니다. 바로 소용돌이입니다. 물의 양이 줄어 수면의 표면적이 작아지면 수압이나 대기압의 힘이 약해집니다. 게다가 깔때기와 물의 접점에서는 마찰의 영향이 커지기 때문에 조금씩 중심과 테두리 사이에 유속의 차이가 생깁니다. 이러한 속도 차이 때문에 소용돌이가 발생합니다. 나루토해협의 소용돌이, 인공위성에서 바라본 태풍도 소용돌이입니다. 회오리바람 중에는 '깔때기 구름'이라고 불리는 구름도 있습니다. 잘 어울리는 이름이라고 생각합니다.

✦ 뉴턴의 업적이 지금도 높이 평가받는 이유는 만유인력이 발생하는 원인을 묻지 않았기 때문입니다. 당시 사람들은 무언가 새로운 발상이나 법칙이 제시되면 그것의 원인을 찾는 데 집중했고 가상의 상황들을 늘어놓으며 설명을 위한 근거를 찾느라 혈안이 되어 있었습니다. '원인은 이것이다', '아니다'라며 정답을 찾을 수 없는 논의를 계속하느라 힘들게 떠올린 발상이나 새롭게 찾아낸 법칙을 활용하기까지 시간이 걸리곤 했습니다.
그러던 중에 뉴턴은 실증할 수 없는 현상의 원인을 찾지 못하더라도 그 법칙을 활용할 수 있으면 충분하다고 생각했습니다. 만유인력이 왜 발생하는지는 모르지만 일단은 신의 뜻이라고 해 두고, 우리 인간은 이 법칙을 사용해서 다양한 운동이나 현상을 설명하면 된다는 것입니다. 이러한 자세야말로 뉴턴이 근대 물리학의 발전을 이끌었다고 평가받는 이유입니다.

✦✦ 엄밀히 말하면 중력이란 '지상의 물체에 작용하는 만유인력'과 '지구의 자전으로 인한 원심력'을 합한 힘을 말합니다.

더 알아보기

커피 맛을 좌우하는 드리퍼의 비밀

드립 커피를 맛있게 내리려면 중앙에 동그랗게 그림을 그리듯이 뜨거운 물을 천천히 부어 원두를 불려야 한다고 합니다. 가장자리에서 원을 그리면서 물을 붓는 것보다 중앙의 한 점에 물을 붓는 것이 더 좋은 이유는 무엇일까요?

커피를 내릴 때는 처음에 뜨거운 물을 조금씩 부어서 원두를 불려 추출할 때 불필요한 기체를 가능한 한 밖으로 빼냅니다. 이때 드리퍼 안을 들여다보면 가루가 천천히 층을 만드는 것을 관찰할 수 있습니다. 작은 가루는 밀도가 높기 때문에 쉽게 가라앉아 드리퍼의 측면이나 바닥에 두껍게 쌓이는 한편, 큰 입자일수록 기포를 포함하고 있어서 중앙에 떠오릅니다.

처음에 부은 뜨거운 물이 빠져나갈 때쯤에는 필터와의 마찰로 인해 가장자리 쪽의 가루가 쌓이게 되고 중앙의 가루는 그대로 아래쪽으로 가라앉기 때문에 가운데 부분이 움푹 팬 개미지옥 같은 모습이 됩니다.

이렇게 필터의 표면에는 거의 균일한 두께의 층이 생깁니다. 이 균일한 가루 층을 두 번째 이후에 따르는 뜨거운 물이 천천히 통과하면서 제대로 걸러주기 때문에 잡내가 나지 않는 커피를 추출할 수 있습니다. 층이 균일하지 않으면 물이 균일하게 통과하지 않기 때문에 떫은맛이나 쓴맛과 같은 잡내가 나게 됩니다. 즉, 가장자리에 물을 뿌리지 않는 이유는 정성스럽게 만들어 놓은 균일한 가루 층이 망가지기 때문입니다.

뜨거운 물을 천천히 계속 부어서 일정량의 물을 유지하는 이유는 수면이 너무 낮아지면 모래시계가 거의 다 내려왔을 때처럼 가운데 부분의 물의 흐름이 빨라져 주변의 가루가 무너져 내리고 층이 얇아져서, 결국 잡내가 함께 흘러내리기 때문입니다. 드립 커피도 깔때기의 물리 법칙을 잘 활용한 음료라고 할 수 있습니다.

샤워기

#수압

여행지의 호텔을 방문하면 샤워기 수압이 약해 힘들 때가 종종 있습니다. 해외에서는 따뜻한 물이 제대로 잘 나오는 경우가 많지 않아 땀범벅이 되는 여름이나 살을 에는 듯이 추운 겨울에는 울고 싶어질 정도입니다. 평소에는 별생각 없이 사용하는 샤워기이지만 이것도 수압을 이용한 물리의 법칙이 적용된 도구라는 사실을 알고 있나요? 샤워기가 어떻게 강한 물줄기를 만드는지 들여다봅시다.

: 물을 세차게 흐르게 하는 방법 :

물은 낮은 곳으로 흘러가므로 높이의 차를 이용하면 강한 물의 흐름을 만들 수 있습니다. 이것은 중력을 잘 활용한 방법입니다.

기원전 700년경 고대 메소포타미아에는 이미 수도水道라고 불리는 고도의 급수 시스템을 갖춘 도시✦가 있었습니다. 이탈리아에서는 기원 전후 수백 년에 걸쳐 11개의 수로가 만들어져 총 350㎞에 달하는 장대한 로마 수도가 건설되기도 했습니다.

일본에서도 에도 시대에 다마강의 물을 에도 지역까지 공급해 주었던 다마가와조스이玉川上水라는 물길이 있었습니다. 이러한 물길은 1㎞당 30~40㎝ 정도의 경사, 즉 완만한 내리막길을 만들어서 자연스럽게 물이 흐르도록 만들어졌습니다. 폭포나 댐과 같이 높낮이가 클수록 물은 더욱 빠르고 세차게 흐릅니다.

: 물뿌리개의 모양에 담긴 과학적 원리 :

높낮이를 활용하는 것 외에도 물을 흐르게 하는 방법이 있습니다. 바로 압력을 가해서 밀어내는 방법입니다. 예를 들어 수심 1*m*인 장소에서는 1만 파스칼Pa ++의 수압이 가해집니다. 꽤 큰 숫자라고 생각할 수 있지만, 일반 수영장의 수심이 1.2*m* 정도인 점을 고려하면 수영장 바닥에서 느끼는 수압과 비슷한 정도이기 때문에 그렇게 크지는 않습니다. 물에도 물의 무게만큼의 중력이 작용하므로 깊이 잠수할수록 몸을 누르는 물의 양이 많아져 무겁게 느껴지고 수압도 그만큼 커집니다.

수압을 잘 이용한 도구로는 원예용 물뿌리개가 있습니다. 물뿌리개를 잘 보면 물이 지나는 관이 바닥 가까이에 달려 있습니다. 물을 가득 채운 물뿌리개의 바닥은 수압이 높기 때문에 그 압력을 사용해서 바닥 근처의 물을 강하게 밀어내 물이 세차게 흐르도록 한 것입니다.

물뿌리개를 기울이면 물은 아름다운 곡선을 그리며 멀리까지 날아갑니다. 하지만 조금씩 용기 안의 물이 줄어들어 수압이 약해지면 물이 졸졸 나오고 바로 아래쪽으로 떨어집니다. 이렇게 용기 안의 물 양에 따라 물뿌리개의 수압도 달라집니

바닥으로 갈수록 수압이 높아지는 물뿌리개

다. 그렇다면 수압을 일정하게 유지하는 방법은 없을까요?

물과 공기 중 어느 쪽이 더 압축하기 쉬울까?

바닥이 깊어져도 높은 수압을 유지할 수 있도록 고안한 방법이 펌프를 사용해 물을 압축하는 것입니다. 물과 같은 액체나 공기와 같은 기체는 분자의 밀도가 낮아 공간이 비어 있는 상태이기 때문에 압축할 수 있습니다. 이러한 성질을 압축성이라고 합니다.

그렇다면 여기서 질문을 하나 하겠습니다. 물과 공기는 어느 쪽이 더 압축하기 쉬울까요? 초등학교 과학 수업에서 이를 확인하기 위한 실험을 하는데, 혹시 기억나시나요? 두 개의 주사기에 각각 공기와 물을 넣고, 손가락으로 주사기 끝을 막은 채로 피스톤을 누르면서 어느 정도까지 압축할 수 있는지를 알아보는 실험입니다. 실제로 비교해 보면 부피의 변화는 공기가 더 큽니다. 물은 거의 압축할 수가 없습니다. 이는 액체보다 기체가 분자의 밀도가 낮아 그만큼 남는 공간이 많기 때문입니다. 피스톤으로 인해 압축된 물은 수압이 높은 상태이기 때문에 주사기 끝을 누른 손을 떼면 물이 강하게 밖으로 나옵니다.

현대 일본의 수도는 이 성질을 이용해 배수를 합니다. 고층 빌딩 등에서는 급수 펌프를 사용해 항상 계산된 양의 물이 압축된 상태로 분출되어 각 가정으로 전달됩니다. 수도의 수압은 대부분 30만 파스칼로 안정적으로 유지됩니다. 깊이 30*m*의 수중에서 느끼는 압력과 같은 정도라고 생각하면 꽤 많은 압력이 가해진다는 사실을 알 수 있습니다.

집에 있는 수도꼭지는 모두 수도관과 연결되어 있고 수도관에 가해지는 압력은 어디든 같습니다. 이 때문에 집에 있는 어느 수도꼭지에서 물을 틀더라도 같은 압력으로 물이 나오는 것입니다.

: 수도꼭지와 샤워기의 수압이 다른 이유 :

그런데 우리가 느끼기에 수도꼭지에서 나오는 물은 샤워기보다는 약하게 느껴집니다. 왜 그런 걸까요? 그 이유는 바로 샤워 헤드에 있는 수많은 구멍 때문입니다. 이해하기 쉽게 예를 들어 볼까요? 호스를 통해 나오는 물줄기를 떠올려 보세요.

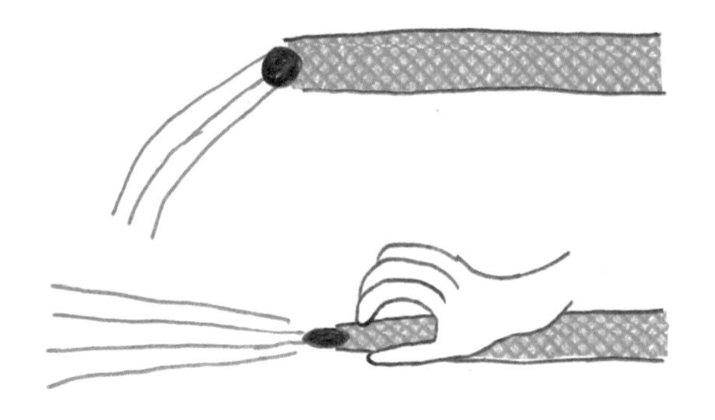

호스의 끝이 좁아지게 손으로 누르면 물은 더 멀리 뿜어져 나간다.

호스의 입구를 손가락으로 누르면 아래로 떨어지던 물줄기가 멋지게 포물선을 그리면서 날아갑니다. 출구가 작을수록 물이 멀리 뻗어 나가는 것도 이와 비슷한 원리죠.

왜 호스 끝을 누르면 물이 더 세게, 그리고 멀리 날아갈까요? 밀폐된 수도 배관이나 호스 안은 압력이 가해진 물이 갈 곳이 없어서 안쪽 벽을 누르고 있는 상태입니다. 아침 출근 시간 전철에 승객을 잔뜩 밀어 넣고 억지로 문을 닫았다고 생각하면 됩니다. 이렇게 수압이 높은 상태에서 수도꼭지를 틀면 물이 한꺼번에 밖으로 쏟아져 나옵니다. 이때 출구가 아주 작으면 나갈 수 있는 물의 양이 적기 때문에 나가지 못한 채 내부에 머무르는 물이 부분적으로 압축되어 수압이 더 높아집니다. 그 결과 밖으로 나오는 물에 더 큰 압력이 가해져서 물이 세게 뿜어져 나오는 것입니다. 끝을 누른 호스와 비교해 샤워기 헤드 구멍의 지름은 훨씬 더 작아서 하나의 구멍에서 나오는 물의 양이 매우 적습니다. 그래서 그만큼 더 멀리 뿜어져 나갑니다.

그렇다면 실제로 샤워기에서 나오는 물은 얼마나 빠른 속도로 날아갈까요? 샤워 헤드를 세워서 수평으로 물이 나가는 모습을 보면 처음에는 앞쪽으로 세게 뿜어져 나가지만 중력으로 인해 조금씩 아래로 떨어집니다. 처음에 나오는 물줄기가 강하면 강할수록 비거리는 길어지고 최종적으로 얼마나 멀리 떨어진 곳에 도달하는지는 샤워기 헤드의 위치(높이)와 처음에 나오는 물줄기의 속도로 결정됩니다.

저희 집의 샤워 헤드를 세워서 물을 곧바로 앞으로 나가게 해보았더니 3*m* 정도까지 날아갔습니다. 이때 샤워기의 물은 대충 계산해 보면 호스의 끝에서 물이 졸졸 떨어질 때와 비교해서 30배 정도의 속도로 날아가는 셈입니다. 시속으로 환산하면 15*m*/*h*입니다. 샤워기 물의 세기가 자전거의 평균 속도와 같은 수준이라니 놀라웠습니다. 무수히 많은 작은 물방울이 이렇게나 빠른 속도로 피부에 닿고 있는 것입니다.

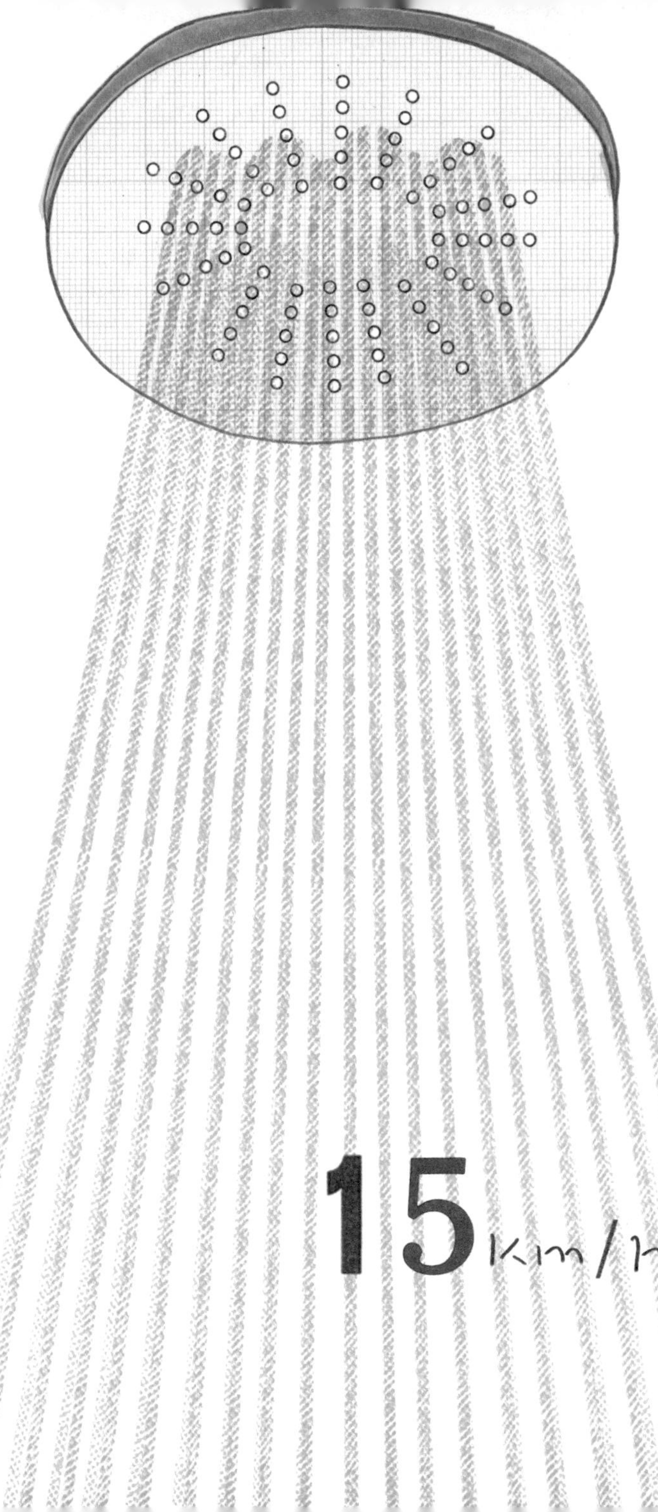

15km/h

✦ 아시리아의 수도 니네베.

✦✦ 파스칼Pa은 압력의 단위로, 1㎡당 1뉴턴N의 힘이 작용할 때의 압력이 1파스칼입니다. 대기압은 1기압atm이 1,013헥토파스칼hPa, 즉 약 10만 파스칼입니다. 화재 진압을 위해 소방관이 뿌리는 물은 2층짜리 집을 넘을 수 있는 정도의 수압으로 곡선을 그리며 날아갑니다. 소방펌프의 종류에 따라서 크게 차이가 있기는 하지만 이때 호스에는 10만 파스칼 정도의 수압이 가해집니다.

더 알아보기

샤워기로 물을 맞을 때 기분이 좋은 이유

샤워기 헤드에서 나오는 물은 순식간에 물방울이 되어 기분 좋게 몸에 닿습니다. 왜 빗방울과 같은 소량의 물은 바로 물방울이 되는 것일까요? 이것은 물 분자가 구조상 서로 결합하기 쉬운 성질을 가지고 있기 때문입니다. 예를 들어 물과 우유를 같은 용기에 넣으면 바로 섞여서 경계선이 없어집니다.

그렇다면 물과 공기는 어떨까요? 컵에 부은 물의 표면과 공기의 경계선은 명확히 구분되어 서로 섞이는 일이 없습니다. 책상에 쏟은 물도 마찬가지입니다. 쏟은 뒤 아무리 시간이 지나도 물은 물이고 공기는 공기입니다. 이때 물의 표면은 물 분자끼리 서로 강하게 결합하여 떨어지지 않으려고 합니다. 이렇게 물 분자가 서로 강하게 결합해 다른 것을 튕겨 내는 현상을 '표면장력'이라고 합니다.

샤워기에서 나온 물은 낙하할 때의 힘 때문에 결합하지 않고 따로 떨어지지만, 물 분자는 표면장력 때문에 떨어지지 않고 빠르게 결합해 하나로 뭉칩니다. 이때 가장 안정적인 형태가 같은 부피일 때 가장 표면적이 작은 형태인 '구'입니다.

샤워할 때는 공기와 만난 물이 순간적으로 둥글게 뭉쳐 물방울의 형태로 피부에 닿기 때문에 기분 좋은 자극을 느낄 수 있습니다.

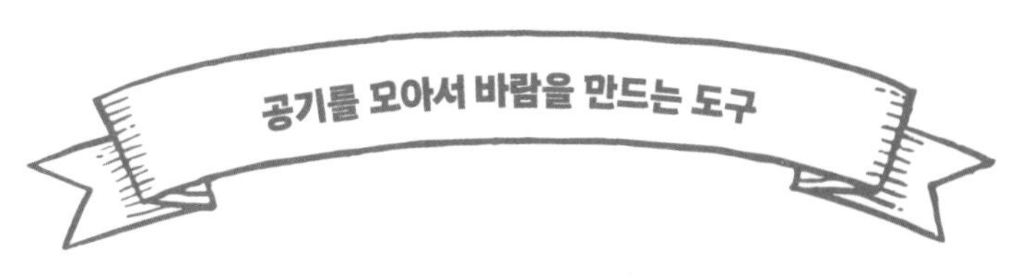

선풍기

#기압 #점성

우주에서 찍은 지구 사진을 자세히 보면 지구를 둘러싸고 있는 대기가 보입니다. 푸른 바다 위에 얇은 베일처럼 덮여 있는 하늘색 막이 대기+입니다. 밖에서 보면 그 존재감을 잘 느낄 수 있습니다.

지상에서도 대기를 느끼는 순간이 있습니다. 바로 바람을 맞을 때입니다. 대기가 없는 달에서는 바람이 일어나지 않습니다. 자연의 바람을 맞으면 기분이 좋아지지만 그렇다고 해서 우리가 원할 때마다 바람이 불어오는 것은 아닙니다. 그래서 인간은 바람을 손에 넣으려고 부채나 선풍기처럼 바람을 일으키는 도구를 만들었습니다. 눈에 보이지 않는 공기와 바람을 우리는 어떻게 다루는 걸까요?

: 바람은 어떻게 만들어질까? :

한 방향으로 흘러가는 공기 덩어리의 이동을 '바람'이라고 합니다. 바람은 주로 온도 차나 기압 차로 인해 발생합니다. 예를 들어 햇빛으로 인해 지면이 데워지면 지표 근처의 공기 분자는 움직임이 활발해져 넓은 범위를 날아다닙니다. 이 때문에 같은 부피를 비교했을 때 따뜻한 공기는 차가운 공기보다 분

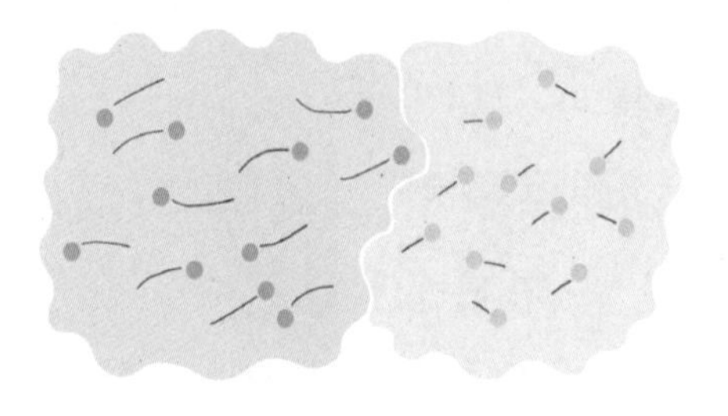

데워진 공기는 공기 분자의 움직임이 활발해져 차가운 공기 쪽으로 이동한다.

자 수가 줄어 가벼워지고 마치 헬륨 풍선이 하늘 높이 떠다니듯이 차가운 공기 사이에서 상승하게 됩니다. 그리고 따뜻해진 공기가 원래 있던 장소에는 주변에 있던 차가운 공기가 흘러들어갑니다. 이 흐름이 바로 바람의 정체입니다.

기압 차가 있을 때도 바람이 발생합니다. 우리 주변은 공기로 가득 차 있고 해발 0*m*에서는 머리 위에 $1m^2$당 약 10t의 공기가 있습니다. 평소 우리의 몸은 꽤 큰 압박을 받고 있지만 느끼지 못하는 셈입니다. 아마 해저에 사는 물고기도 수압을 느끼지는 못할 것입니다.

지구의 대기는 항상 움직이고 있어서 공기 밀도가 높은 곳도 있고 낮은 곳도 있습니다. 공기의 밀도가 높다는 말은 공기 중의 분자가 과밀한 상태라는 뜻입니다. 분자 수가 많으면 분자가 누르는 힘인 기압도 높아집니다. 공기 분자는 밀도가 높은 곳에서 낮은 곳으로 움직이기 때문에 공기는 고기압에서 저기압으로 이동합니다.[✦✦] 그 흐름이 바로 바람입니다. 붐비는 곳에서 한적한 곳으로 이동하는 것은 사람도 공기도 같다고 할 수 있습니다.

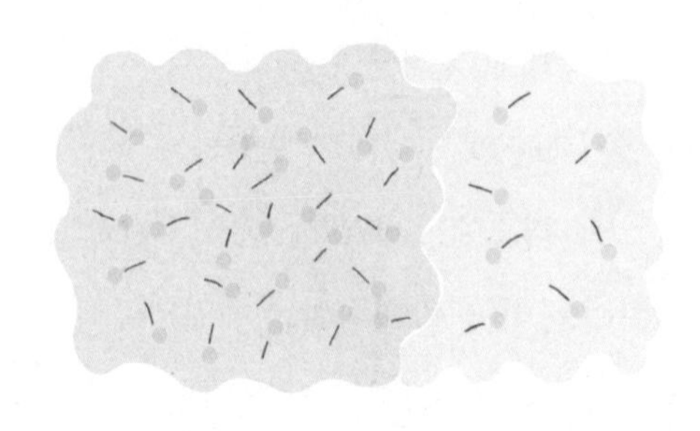

공기는 공기 분자의 밀도가 높은 곳에서 낮은 곳으로 이동한다.

: 바람을 일으키는 간단한 방법 :

그렇다면 바람을 일으키고 싶을 때 어떻게 하면 좋을까요? 가장 쉬운 방법은 그 장소에 있는 공기를 압박하는 것입니다. 생일 케이크의 촛불을 끌 때를 떠올려 보세요. 이때 우리는 폐에 모아 둔 공기를 입을 통해 힘껏 내보내서 바람을 일으킵니다. 이렇게 한곳에 모아 두었던 공기를 한 번에 내보내는 방법이 있습니다.

모아 둔 공기를 한꺼번에 내보내기 위해 만든 도구가 '풀무'입니다. 풀무는 불 근처에 바람(산소)을 내보내서 화력을 높여 불을 피우는 도구로 오래전부터 사용되었습니다. 양손으로 펼

쳤다가 모으는 작은 도구도 있고 골풀무처럼 많은 사람이 밟아서 움직이는 큰 장치도 있습니다. 기본적으로는 봉투나 상자에 공기를 압축하고 그 공기를 밖으로 내보내는 구조입니다. 파이프 오르간이나 아코디언 등의 악기도 입 대신에 풀무의 구조를 이용해 공기를 내보내서 소리를 냅니다.

그 외에도 바람 때문에 나뭇잎이 흔들리거나 깃발이 나부끼는 것과 반대의 발상으로 평평한 면을 상하좌우로 움직여서 바람을 일으키는 방법이 있습니다. 이렇게 바람을 일으키는 것을 우리는 흔히 '부채질한다'라고 표현하기도 합니다. 뛰어노느라 땀범벅이 된 친구에게 부채질을 해주는 어린이의 모습이나 우아하게 부채를 흔들며 평상에 앉아 있는 어른의 모습, 혹은 부채로 불을 피우면서 장어나 생선을 굽는 풍경이 그려지지 않나요?

: 선풍기와 고속 철도의 앞 칸이 둥근 모양인 이유 :

부채처럼 평면으로 된 물체로 주변의 공기를 밀어내다 보면 공기의 저항을 느끼게 됩니다. 이때 공기의 저항이란 무엇을 말하는 것일까요?

사물에는 고체, 액체, 기체라고 하는 세 가지 형태가 있습니다. 항상 같은 형태를 유지하는 고체와 달리 액체나 기체는 정해진 모양이 없습니다. 예를 들어 물은 어떤 용기에 넣어도 그 모양에 따라 형태가 바뀌고 바닥에 떨어지면 자유롭게 퍼지기도 합니다. 이렇게 형태가 없는 액체나 기체가 강물처럼 움직이고 있는 상태일 때를 '유체'라고 부릅니다. 바람은 공기의 흐름으로 액체와 같은 부류라고 할 수 있습니다.

액체의 움직임은 매우 복잡+++하지만 하나의 단순한 특징이 있습니다. 그것은 직진하던 액체가 방해물과 만나면 그 흐름이 흐트러지고, 방해물은 예상하지 못한 방향으로 힘을 받게 된다는 것입니다. 예를 들어 강물에 돌이 놓여 있다고 생각해 봅시다. 그러면 강물의 흐름이 흐트러지지요. 흐름을 방해받은 강물은 돌을 여러 방향에서 누르게 되고 돌은 다양한 방향에서 힘을 받게 됩니다. 이것이 바로 물의 저항입니다.

이와 마찬가지로 공기도 방해를 받으면 흐름을 방해한 물체에 힘을 가합니다. 고속 철도처럼 빠르게 이동하는 교통수단은 그만큼 공기의 저항을 많이 받습니다. 그래서 고속 철도의 가장 앞에 있는 차량은 공기의 저항을 잘 피할 수 있도록 부드러운 커브 모양으로 설계되었습니다. 선풍기 날개도 잘 보면 한 쪽 끝이 대각선 방향으로 살짝 올라간 곡선을 띠고 있습니다. 대나무 잠자리(대나무로 만든 잠자리 모양의 장난감-옮긴이)나 풍차의 날개도 마찬가지입니다. 곡선을 띠게 하면 공기의 저항을 피하면서 공기를 앞으로 내보낼 수 있습니다.

그렇다면 평평한 면과 곡선이 있는 면은 공기의 저항 면에서 어떻게 다를까요? 공기는 눈에 보이지 않기 때문에 확인할 수 없으니 목욕탕에서 물의 움직임을 관찰해 보면 됩니다. 우선은 손가락을 펼치고 손바닥으로 물을 앞쪽으로 끌어당기듯이 움직여 보세요. 물이 앞으로 오면 손등 쪽에는 순간적으로 물이 줄어들고 주변에 있던 물이 바로 그 공간으로 흘러들어 갑니다. 손바닥을 원래 장소로 돌려놓으면 서로 다른 방향으로 흐르던 물이 충돌하여 손등에 저항을 느낄 수 있습니다. 다음으로 손바닥을 조금 오목하게 한 상태로 손목을 이용해 부드럽게 물을 휘저어 보세요. 아까보다는 저항이 적어지고, 더 많은 물이 밀려올 것입니다.

전자가 부채라면 후자는 선풍기의 날개입니다. 손바닥을 오목하게 만든 것처럼, 선풍기는 곡선이 있는 날개를 회전시킴으로써 주변의 공기를 효율적으로 모아 앞으로 보내줍니다. 공기

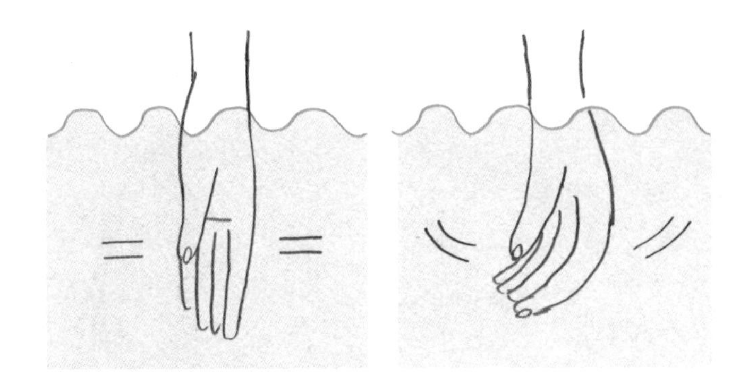

가 앞으로 밀려가면 그 부근은 공기가 줄어들어 기압이 떨어지고, 그곳으로 주변 공기가 흘러들어 갑니다. 그 공기를 또 앞으로 밀어내면 주변의 공기가 다시 또 흘러들어 가기 때문에 계속해서 바람을 일으킬 수 있는 것입니다. 즉 선풍기는 부드러운 곡선이 있는 날개를 이용해 효율적으로 공기를 모아 앞으로 밀어내고, 기압의 차를 만들어 계속해서 바람을 일으키는 장치인 셈입니다. 에어컨이 보급된 지금도 기분 좋은 바람을 만들어 주며 여전히 사랑받고 있는 선풍기 바람의 비밀을 이제 알 것 같지 않나요?

날개 없는 선풍기는 어떻게 바람을 만들어 낼까?

이렇게 보면 선풍기의 날개가 얼마나 중요한지 알 수 있습니다. 하지만 최근에는 날개가 없는 독특한 디자인의 선풍기도 등장했다고 하는데요. 다이슨사가 개발한 공기청정기 팬 히터는 원래 있어야 하는 날개가 하나도 없을뿐더러 도넛처럼 가운데가 뚫려 있습니다. 바람을 일으키는 날개가 없는데 어떻게 바람을 만드는 것일까요?

사실 눈에 보이는 곳에 없을 뿐, 아래쪽의 보이지 않는 곳에서는 날개가 돌아가고 있습니다. 일반 선풍기처럼 날개로 바람을 일으키는 평범한 선풍기였다니, 어쩐지 실망스럽다고요? 하지만 안쪽에 들어갈 정도로 작은 날개로는 우리가 시원하다고 느낄만한 강한 바람을 일으킬 수 없습니다. 작은 날개는 어디까지나 바로 위쪽을 향해 약한 바람을 보낼 뿐입니다.

그렇다면 어떻게 이 작은 날개가 선풍기라고 할 수 있을 만큼 강한 바람을 일으키는 것일까요? 비밀은 바로 바람이 나오는 밀리미터 단위의 분출구 내부 구조에 있습니다. 틈새를 들여다보면 내부의 벽이 분출구를 향해 약간 바깥쪽으로 열리도록 꺾여 있다는 사실을 알 수 있습니다. 겨우 그것뿐이냐고 생

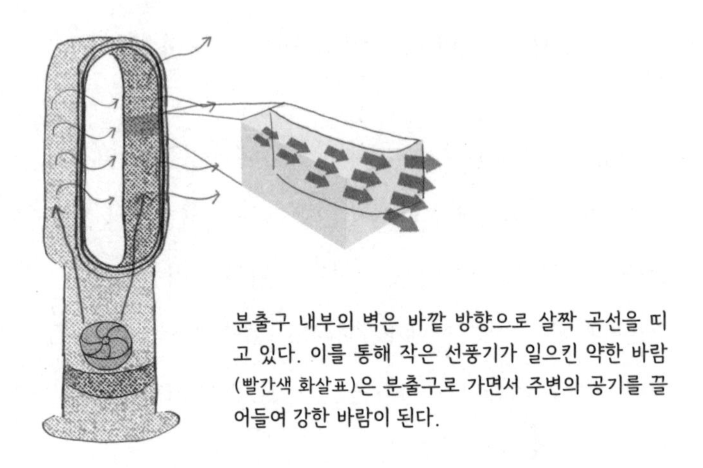
분출구 내부의 벽은 바깥 방향으로 살짝 곡선을 띠고 있다. 이를 통해 작은 선풍기가 일으킨 약한 바람(빨간색 화살표)은 분출구로 가면서 주변의 공기를 끌어들여 강한 바람이 된다.

각할 수 있지만 이 정도의 곡선만으로도 내보내는 공기의 위력은 완전히 달라집니다.

작은 선풍기가 일으킨 약한 바람은 나오는 순간에 발생하는 기압 차로 인해 분출구 내부 벽 쪽으로 밀려납니다. 처음에는 약한 바람이지만 분출구로 가면서 주변 공기를 흡수하여 강한 바람이 됩니다. 이것은 유체가 가지고 있는 '점성'이라는 성질 때문입니다. 점성이 강한 대표적인 액체인 꿀에 비하면 상대적으로 약하지만, 공기나 물에도 점성이 있습니다. 약한 바람은 분출구까지 가는 완만한 곡선을 따라 나아가면서 점성으로 인해 점점 주변의 공기를 끌어들이고 최종적으로는 우리가 시원하다고 느낄 정도의 강한 바람이 됩니다. 이렇게 공기의 작은 흐름이 점성으로 인해 증폭되는 현상을 '코안다 효과Coanda Effect'라고 부릅니다. 비행기가 이착륙할 때나 화재 현장의 기류 등에서 이러한 바람의 증폭 현상이 발생합니다.

바람은 지구에 공기가 있기 때문에 발생하는 자연 현상입니다. 인간은 '불을 손에 넣은' 동물이라고 하지만 공기의 존재를 알고 바람을 다루는 방법을 터득한 동물이기도 합니다. 이제는 기술이 발달함에 따라 종잡을 수 없었던 바람의 세세한 움직임도 밝혀지고 있습니다. 컴퓨터를 이용해 유체의 조건을 조금씩 바꾸면서 시뮬레이션해 보면 최적의 곡선을 발견할 수 있습니다. 정확하게 바람의 흐름을 예측하고 능숙하게 다루는 시대도 머지않은 것 같네요.

✦ 질소나 산소, 아르곤, 이산화탄소 등의 기체 분자의 혼합체이며 중력으로 인해 지구 쪽으로 끌어당겨져 지상으로부터 100km 범위에 펼쳐져 있습니다.

✦✦ 일기도에는 '고'와 '저'라는 글자가 적혀 있는데 각각 고기압과 저기압을 의미합니다. 고기압은 주변보다 기압이 높은 공기층을, 저기압은 주변보다 기압이 낮은 공기층을 뜻합니다. 저기압은 주변보다 기압이 낮아 주변의 공기가 흘러들어 가는데, 지면이나 바닷속으로는 들어갈 수 없으므로 위로 향하게 됩니다. 이것이 바다에서는 수분을 포함한 상승 기류가 되고, 상공에서 식으면 비가 되는 것입니다. 그래서 비가 내리기 전에는 강한 바람이 부는 경우가 많습니다. 태풍을 떠올려 보세요. 태풍의 정의는 복잡하지만 단순하게 생각하면 아주 강력한 저기압입니다.

✦✦✦ 액체는 공기나 물 분자의 집합체(18cc의 물에 포함된 물 분자는 600,000,000,000,000,000,000,000개 정도)이기 때문에 그 움직임이 복잡할 수밖에 없습니다. 힘을 주어서 물체를 움직일 때, 고체는 모든 원자나 분자가 같은 방향과 속도로 움직입니다. 하지만 유체는 각각의 분자가 독립적으로 움직입니다. 액체 안에 고체를 놓으면 고체와 부딪혀 진행 방향을 바꾸거나 가로막히기도 하고, 흐름을 방해하던 고체가 사라지면 다시 자유롭게 움직이는 등 유체를 이루는 분자의 밀도와 속도는 시시각각 바뀝니다.

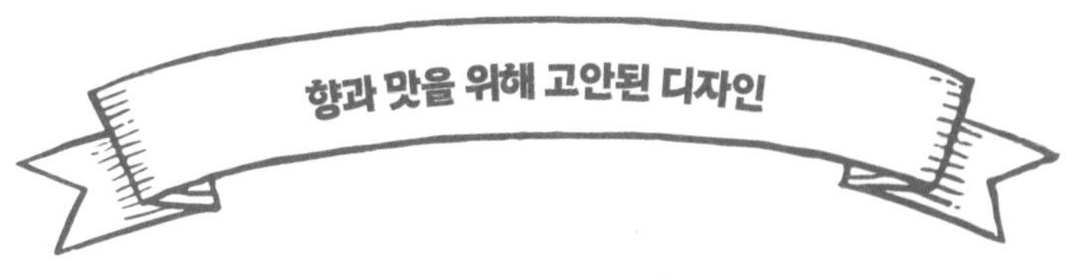

와인 잔

#산화 #비가역변화 #점성 #표면장력

영화나 드라마 속 주인공들은 종종 분위기 좋은 식당에서 와인을 마시곤 합니다. 몸통은 불룩한 곡선을 띠고 입구는 날씬하게 좁아지는 와인 잔에, 반보다 약간 적은 양의 액체를 넣고 잔을 돌리면서 행복한 시간을 즐기곤 하죠. 그런데 여기서 언급한 것들이 모두 와인을 맛있게 즐기기 위해 고안된 와인 잔의 특징이라는 사실을 알고 있나요? 이제부터 와인과 함께 와인 잔에 숨겨진 물리 법칙을 몇 가지 살펴보겠습니다.

: 와인과 와인 잔의 역사 :

와인의 역사는 오래되었습니다. 그 기원은 기원전 6000년경 코카서스 지역(현재의 아르메니아, 조지아 근방)까지 거슬러 올라갑니다. 고대 그리스 시대에 신성시되었던 와인은 고대 로마 시대에 양조 기술이 급속도로 발달하며 기독교의 보급과 함께 유럽 전역으로 확산되었습니다. 이렇게 보니 와인과 과학의 역사는 발전한 장소도, 과정도 마치 형제처럼 닮았습니다.

고대 로마의 식탁과 기독교의 성찬식에서 와인은 은이나 유리그릇에 담겨 있었습니다. 현재 레스토랑에서 흔히 볼 수 있는 불룩한 모양의 볼에 얇은 손잡이가 있는 와인 잔이 등장한 것은 20세기 후반입니다. 이 모양은 포도의 품종이나 산지, 양조 방법에 따라 맛이나 향이 크게 달라지는 와인의 특징을 잘 끌어낼 수 있도록 오스트리아의 리델Riedel이라는 회사가 설계한 것입니다.

일반적으로 레드 와인을 담는 와인 잔은 볼의 부피가 크다는 특징이 있습니다. 와인과 공기의 접촉 면적을 넓혀 훨씬 더 부드러운 맛을 내기 위해서라고 합니다. 레드 와인은 적포도의 껍질이나 씨까지 함께 양조하기 때문에 쓴맛을 내는 타닌 성분이 많이 포함되어 있습니다. 타닌은 산소와 결합하기 쉬운 물질로, 산화하면 성질이 바뀌어 쓴맛이 사라집니다. 레드 와인용 잔은 와인을 공기 중의 산소와 가능한 한 많이 접촉하게 해 타닌을 산화시켜서 쓴맛을 줄이기 위해 고안된 형태입니다.

: 와인에 따라 와인 잔의 모양도 조금씩 다른 이유 :

잔의 형태에 변화를 주어 와인의 유속을 조절하고 맛을 더 깊이 느끼려는 노력도 있었습니다. 지금의 와인 잔이 만들어진 20세기경까지만 해도 단맛은 혀끝, 신맛은 혀 양옆, 쓴맛은 혀 안쪽에서 느낀다고 생각했고, 와인 잔도 이를 고려하여 디자인되었습니다. 예를 들어, 같은 레드 와인이라고 하더라도 쓴맛이 특징인 원숙한 레드 와인에는 큰 보르도 와인 잔이 좋습니다. 잔의 입구가 넓어 와인이 천천히 흐르고 산미를 느끼는 혀 양쪽 옆에도 와인이 잘 닿아서 떫은맛이 줄어듭니다.

한편 산미가 특징인 레드 와인은 입구가 좁은 부르고뉴 잔이 좋습니다. 부르고뉴 잔은 볼의 볼록한 정도에 비해 입구가

입구가 넓은 보르도 와인 잔

좁기 때문에(볼의 지름과 입구의 지름 차이가 큽니다) 잔을 많이 기울이지 않으면 마실 수 없습니다. 이렇게 와인을 단맛과 쓴맛을 더 잘 느끼는 혀끝에서 목 안쪽으로 빠르게 보내 산미를 느끼기 쉬운 혀 양쪽 끝에 닿지 않도록 설계된 것입니다. 주로 차갑게 마시는 화이트 와인을 담을 때도 빨리 마실 수 있도록 작고 몸통이 좁은 와인 잔이 자주 사용됩니다.

그런데 21세기가 되자 혀나 입 안쪽에 분포하는 '미뢰'라고 불리는 작은 기관이 다섯 가지 맛을 모두 느낀다는 사실이 밝혀졌습니다. 즉 산미나 단맛 등의 각각의 미각은 혀의 특정 부분에서 강하게 느껴지는 것이 아니라 혀 전체에서 고르게 느껴진다는 것입니다. 다만 기능적으로 혀 전체에서 맛을 느낀다고 하더라도 인식하는 것은 뇌입니다. 혀의 각 부분은 맛을 느끼는 한계에 차이가 있다는 보고도 있어서 미각 메커니즘은 아직 연구 단계라고 할 수 있습니다. 또 와인이 입안에서 머무르는 시간이나 온도도 맛에 영향을 주기 때문에 와인 잔의 형태가 맛에 전혀 영향을 주지 않는다고 할 수는 없습니다.

연구가 진행됨에 따라 처음 와인 잔에 담긴 의도가 무엇이었는지에 의문이 제기되고는 있지만 각각의 와인 잔으로 와인을 맛있게 마실 수 있다는 점도 틀림없는 사실입니다. 계속 연

입구 부분이 오므라진 부르고뉴 와인 잔

구가 진행되고 있으니 또 다른 이론을 통해 와인 잔이 만들어 내는 와인 맛의 비밀이 밝혀지는 날이 올지도 모릅니다.

한번 퍼진 향기는 다시 모이지 않는다

와인 잔은 맛뿐만 아니라 향기의 움직임도 생각하여 설계되었습니다. 그러한 연구를 소개하기 전에 눈에 보이지 않는 향기의 움직임에 대해서 먼저 생각해 봅시다.

향기가 나는 물질을 넣고 뚜껑을 닫으면 향기 분자는 용기 밖으로 나올 수가 없기 때문에 냄새가 거의 나지 않습니다. 뚜껑을 열면 용기 안에서 떠다니고 있던 향기 분자가 갑자기 공기 중으로 날아가 사방팔방으로 퍼져 나갑니다. 한번 확산한 향기 분자는 원래 상태로는 돌아가지 않습니다. 공기 중에 퍼진 향기 분자가 저절로 한군데로 모이거나 다시 용기로 돌아가지 않는 것이 자연의 법칙입니다.

커피에 우유를 넣으면 넣은 순간부터 우유가 퍼지기 시작하고 나중에는 완전히 섞여서 커피 전체가 카페오레 색이 됩니다. 우유가 중간 어느 지점에서 응집해 흰색의 덩어리가 되는 일은 없습니다. 이렇게 저절로 원래 상태로 돌아가지 않는 변화를 '비가역 변화'라고 합니다.

물리에서는 다양한 현상을 '가역 변화'와 '비가역 변화'로 나눠서 생각합니다. 동작을 역재생했을 때 자연스러우면 가역 변화, 부자연스러우면 비가역 변화라고 생각하면 이해가 쉬울 것입니다. 일정한 속도로 좌우로 계속 흔들리는 추의 움직임은 역재생해도 부자연스럽지 않기 때문에 가역 변화입니다. 반면 물이 담긴 통을 뒤집었을 때 쏟아진 물은 저절로 다시 원래 상태로 돌아가지 않기 때문에 비가역 변화입니다.

비가역 변화란 '원래 상태로 돌아가지 않는다'라는 의미로, 질서가 있는 상태에서 무질서인 상태로 바뀐다는 말이기도 합니다. 즉, 물체를 방치하면 자연스럽게 흐트러진다✦는 의미입니다. 열이나 온도와 같은 분자의 운동과 관련된 변화는 모두 비가역 변화입니다. 물론 와인에서 휘발된 향기가 퍼져 나가는 것도 비가역 변화 현상입니다.

향기의 길을 만들어 주는 잔의 디자인

향기 분자는 공중에 퍼지는 순간부터 주위로 흩어져 조금씩 옅어집니다. 향기 분자는 공기 분자보다도 크기 때문에 움직이기 힘들어서 처음에는 증기나 연기의 움직임과 마찬가지로 향기 덩어리가 되어 공기 중에 떠다닙니다. 그것이 코로 가면 우리는 그때 향기를 느낍니다. 와인 향을 충분히 즐기기 위해서는 향기 분자가 완전히 퍼져 나가기 전에 향기 덩어리가 효율적으로 코에 닿도록 해야 합니다.

향을 통해 마음의 평정을 찾는 일본 문화인 향도香道에서는 왼쪽 손에 향로를 올리고 오른손으로 향로를 감쌉니다. 엄지와 검지는 살짝 벌려서 그 사이에 코를 갖다 대고 향을 느낍니다. 이렇게 향로를 감싸서 향이 지나가는 길을 만들어 주는 것입니다. 와인 잔도 휘발된 향기가 도망가지 않도록, 볼록한 볼의 지름과 비교했을 때 잔 입구 쪽이 더 좁게 디자인되어 있습니다. 손 대신에 유리가 향기를 감싸고 있는 것입니다.

따르는 양도 중요합니다. 잔의 3분의 1 정도가 적당합니다. 나머지 공간은 와인의 향기로 채우는 것입니다. 와인을 꽉 채우면 공기와 접하는 표면의 향은 금방 공기와 섞여서 날아가 버리기 때문입니다. 눈에 보이지는 않지만 와인 잔에는 와인 성분이 잔에 오래 남아 있게 하려는 노력이 가득 담겨 있습니다.

와인 잔의 비밀은 이것뿐만이 아닙니다. 그 외에도 볼의 볼록한 정도에 따라서 향기 성분이 퍼지는 속도에 차이가 있습니다. 보르도 잔과 같이 볼이 그다지 볼록하지 않으면 먼저 휘발하는 성분과 나중에 휘발하는 성분으로 향에 단계가 생깁니다. 그렇게 되면 처음에는 꽃이나 열매와 같은 향이 느껴지고 나중에는 알코올의 향이 느껴지는 등 향기의 변화를 즐길 수 있습니다. 한편 부르고뉴 잔과 같이 볼이 많이 볼록하고 입구가 좁은 잔은 와인 표면에 퍼져 있는 향이 머무르기 쉽고 잔 안의 다른 성분과도 잘 섞입니다. 이로 인해 복잡한 향을 충분히 즐길 수 있습니다.

: 와인을 마시기 전에 잔을 돌리는 이유 :

마지막으로 와인 잔을 돌리는 행동에 대해서도 언급하고 넘어가겠습니다. 와인의 휘발량은 액체 표면적이 클수록 많아집니다. 원을 그리듯이 잔을 돌리면 와인과 공기가 닿는 면적이 늘어날 뿐만 아니라 잔 내의 기체가 움직여서 빠르게 휘발되고 향기가 더 많이 풍기도록 할 수 있습니다. 일반적인 컵이나 맥주잔으로는 이런 동작을 하기가 쉽지 않습니다. 또 원을 그리듯이 잔을 돌리면 와인은 점성(64쪽 참고)과 표면장력(51쪽 참고)으로 인해 볼 내면에 달라붙어 두툼한 막을 만듭니다. 그러면서 색이 선명해지고 각 와인의 특징이 극명하게 드러납니다.

와인을 좋아하는 사람으로서 멋지게 잔을 돌리면서 색과 향기를 즐기고 싶지만 손가락에 어느 정도로 힘을 주어야 할지, 손목의 각도는 어느 정도가 적당할지를 판단하기란 참 쉽지 않은 일입니다.

✦ 방은 그냥 두면 금방 어질러집니다. 어질러졌다고 해서 원래 있던 물건이 바뀌는 것은 아니지만 사용감이 나빠지죠. 이와 마찬가지로 기체도 고온이나 고기압처럼 높은 에너지를 포함하고 있는 상태, 많은 일을 할 수 있는 상태가 되었다고 하더라도, 방치하면 주변의 차가운 공기 쪽으로 흘러가 버립니다. 그렇게 되면 기껏 힘들게 만든 에너지를 사용할 수 없게 되지요. 그리고 자연의 상태에서는 다시 에너지가 높은 집합체로 되돌릴 수 없습니다. 이것이 바로 흩어짐과 비가역 현상입니다.

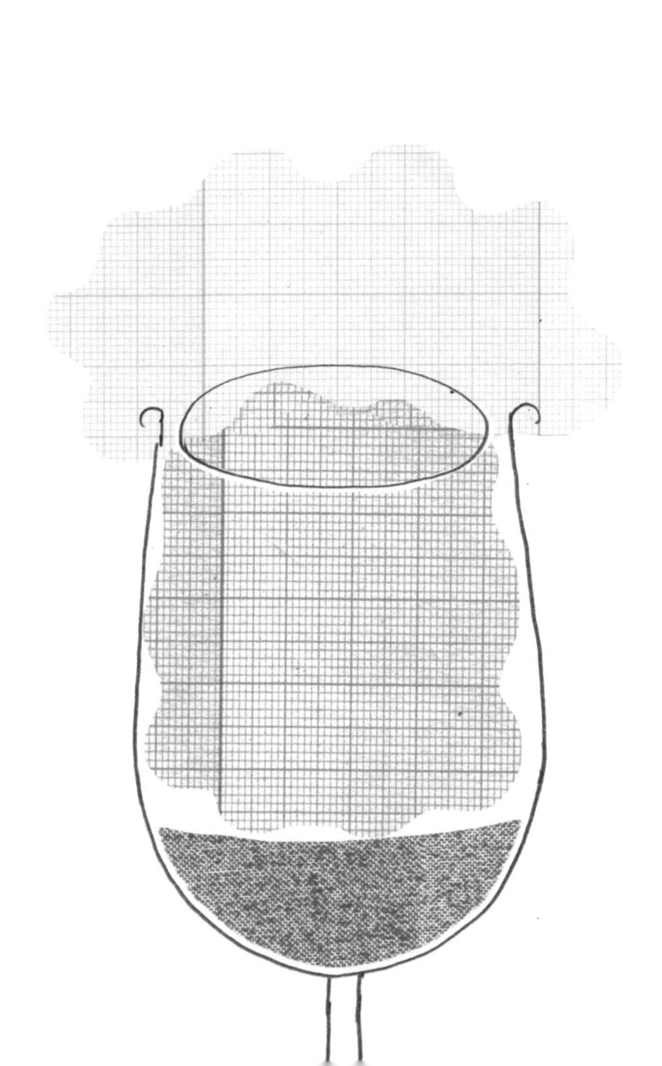

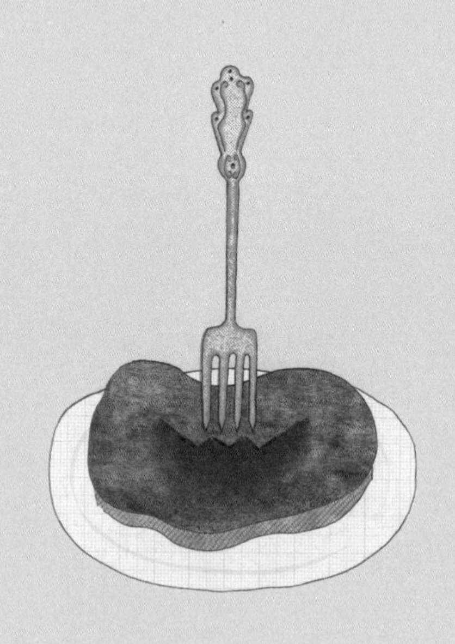

2장

꽂는 도구

'꽂다'라는 말을 들으면 무엇이 떠오르나요? 저는 때까치의 먹이가 떠오릅니다. 들새인 때까치는 잡은 먹이에 나뭇가지나 가시 등을 꽂아서 자기 영역 내에 놓아 두는 습성이 있습니다. 그 이유는 겨울에 대비해 먹거리를 확보하기 위한 것이라는 설이 유력합니다. 날카로운 어금니나 손톱이 없는 인류도 때까치와 마찬가지로 '꽂는 도구'가 필요했습니다.

꽂는 행위는 사물의 좁은 면적에 압력을 가하는 일입니다. 꽂는 도구는 어떻게 사물의 안쪽으로 들어가는지, 도구마다 어떤 비밀이 숨어 있는지 살펴봅시다.

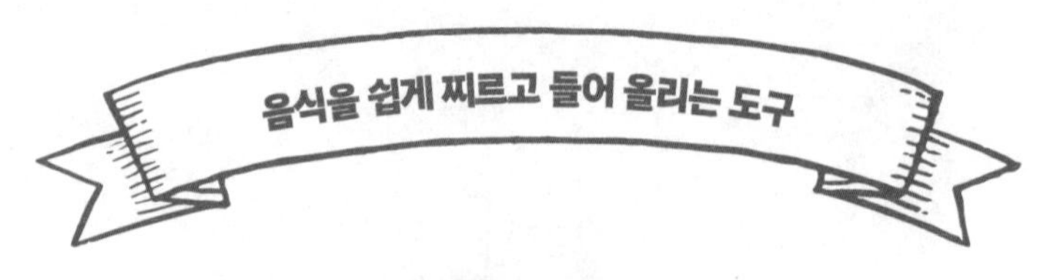

포크

#압력 #탄성

끝이 뾰족한 포크는 꽂기 위한 도구입니다. 고기를 구울 때는 겉면에 포크로 작은 구멍을 내서 수축하는 것을 막고 안쪽까지 열이 잘 전달되도록 합니다. 비엔나소시지를 구울 때도 칼을 꺼내기 귀찮을 때는 이쑤시개로 대충 구멍을 냅니다. 끝이 날카로워야 잘 꽂을 수 있다는 사실을 우리는 경험을 통해 알고 있습니다. 그렇다면 왜 끝이 날카로워야 잘 꽂아지는 것일까요? 우선 편하게 꽂는다는 점에 주목해 봅시다.

: 어떻게 적은 힘으로 쉽게 찌를 수 있을까? :

'편하게'라는 말은 적은 힘으로 큰 효과를 낸다는 의미입니다. 그 방법의 하나가 압력을 이용하는 것이죠. 힘이 가해지는 면적이 작으면 작을수록 압력은 커집니다. 비엔나소시지를 이쑤시개의 뾰족한 부분과 뭉뚝한 부분으로 각각 찔러 보세요. 같은 힘을 주어도 뾰족한 부분이 더 적은 힘으로 깊은 곳까지 꽂을 수 있다는 점, 즉 효과가 더 크다는 사실을 알 수 있습니다.

포크는 힘을 가하는 면적을 최소화해서 그다지 큰 힘을 사용하지 않더라도 음식물의 깊숙한 곳까지 꽂을 수 있습니다. 이처럼 포크나 이쑤시개 등은 '점'을 이용해 압력을 가하는 도구입니다. 그리고 이러한 점들을 연결해서 '선'으로 만든 것이 칼과 같은 도구입니다. '꽂기'가 연속되면 '자르기'가 되는 것입니다.

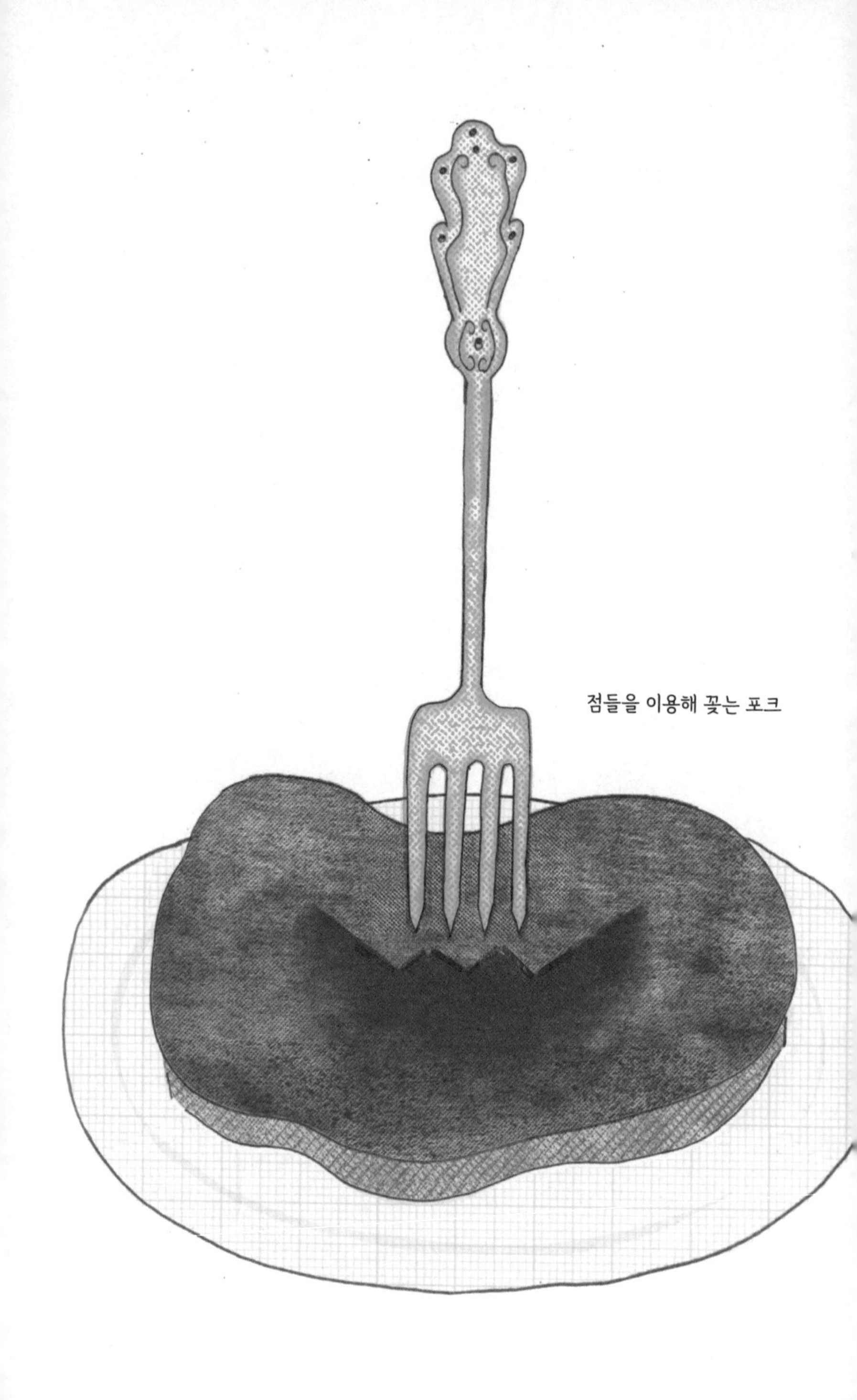

점들을 이용해 꽂는 포크

: 구운 고기와 생고기, 둘 중 어느 것이 포크로 들어 올리기가 더 쉬울까? :

점이라는 최소한의 면적으로 편하게 꽂는 데 성공했다면, 이번에는 그 작은 접촉 면적으로 음식물을 들어 올려 입까지 운반해야 합니다. 구운 닭고기는 수직으로 들어 올려도 포크에서 떨어지지 않습니다. 하지만 부드러운 식감의 시폰 케이크는 포크로 들어 올리다가 빠지기도 합니다. 왜 이러한 차이가 발생하는 것일까요?

조금 웃긴 일이긴 하겠지만, 잠시 눈을 감고 여러분이 포크가 되었다고 상상해 보세요. 포크의 입장에서 구운 고기와 생고기의 차이는 무엇인가요? 둘의 차이는 바로 탄성에 있습니다. '탄성'이란 물체에 힘을 가하면 모양이 바뀌고 그 힘이 사라지면 원래 모양으로 돌아오는 성질을 뜻합니다. 숟가락 뒷면으로 생고기를 누르면 움푹 들어가고 숟가락을 떼면 원래 상태로 돌아오는 것은 생고기에 탄성이 있기 때문입니다. 이처럼 외부의 힘에 의해 변형된 물체가 원래 상태로 되돌아가려는 힘을 '탄성력'이라고 합니다.

구운 고기에도 탄성이 있지만 숟가락의 뒷면으로 눌러도 생

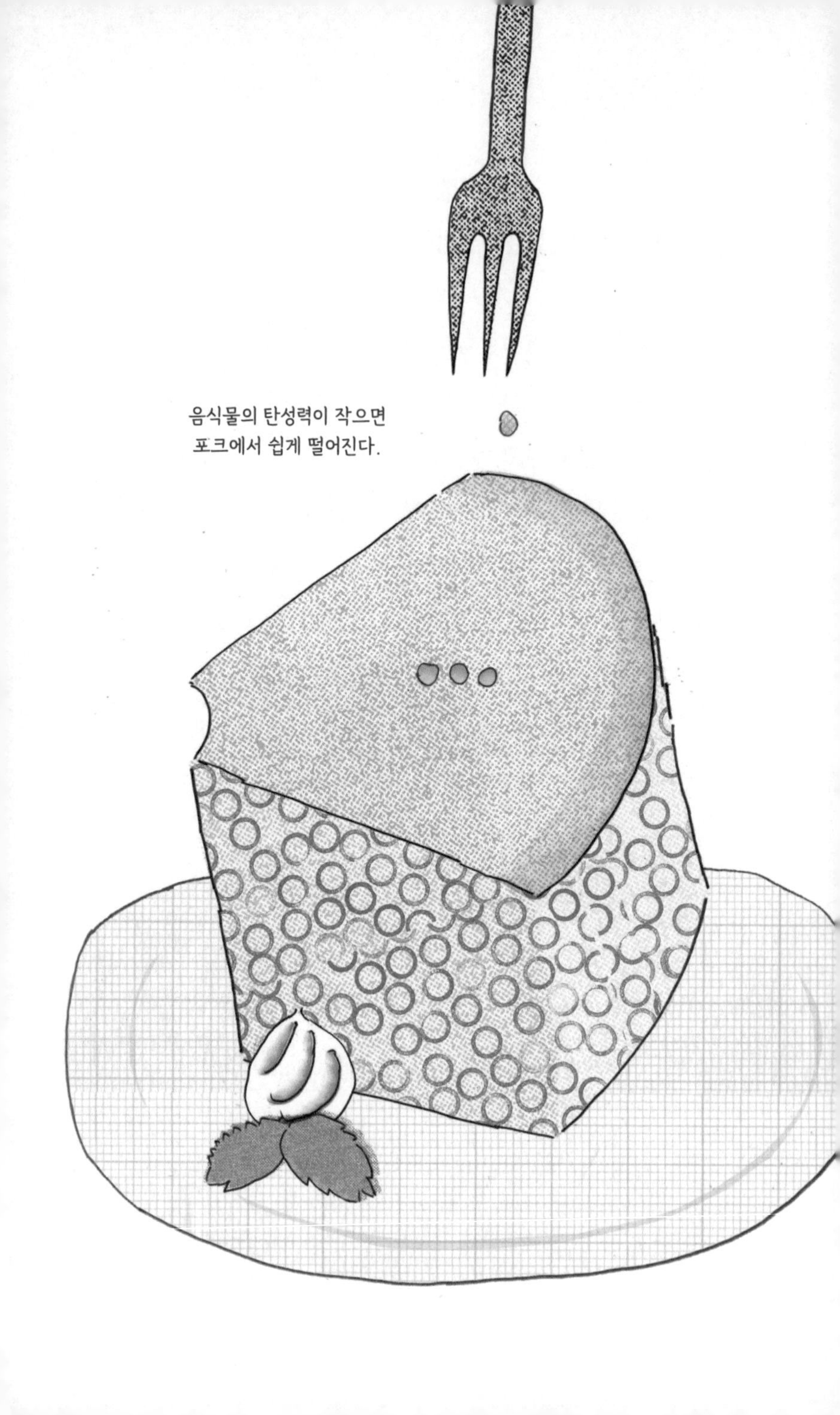
음식물의 탄성력이 작으면
포크에서 쉽게 떨어진다.

고기만큼 움푹 들어가지는 않습니다. 생고기와 비슷한 정도로 움푹 들어가게 하려면 그만큼 힘을 더 주어야 합니다. 즉 구운 고기가 탄성력이 더 크고 단단합니다. 탄성력이 크면 클수록 찔렀을 때 옆으로 밀려났던 부분이 원래 상태로 돌아가려고 포크를 세게 밀기 때문에 결과적으로 포크로 쉽게 들어 올릴 수 있습니다.

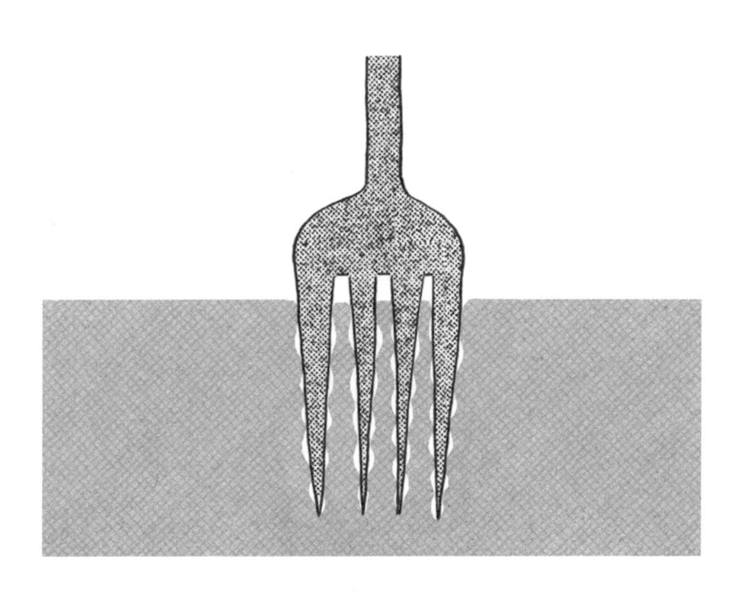

구운 고기의 탄성력으로 인해 쉽게 빠지지 않는 포크

왜 모든 물체에는 탄성이 존재하는 것일까요? 그 이유는 분자들 사이에 힘이 작용하기 때문입니다. 원자와 원자가 결합하여 분자가 되고 분자와 분자가 만나서 만들어진 물질이 우리 주변을 이루고 있습니다. 이때 분자를 결합시키는 힘을 '분자간력' 또는 '반데르발스의 힘Van der Waals force'이라고 합니다. 이 힘으로 인해 분자가 지나치게 가까워지면 반발하는 힘이 작용하고 너무 멀리 떨어지면 당기는 힘이 작용합니다. 대부분의 물체는 분자로 구성되어 있으므로 모두 탄성을 가진 '탄성체'✦입니다.

그런데 한 가지 의문이 생깁니다. 모든 물체에 탄성이 있다기에는 유리와 같이 눌러도 모양이 바뀌지 않는 것처럼 보이는 물체도 있기 때문입니다. 유리는 포크로 아무리 찔러도 패이거나 들어가는 부분이 없습니다. 물리의 세계에서는 유리처럼 힘을 가해도 변하지 않는 물체를 '강체rigid body'✦✦라고 합니다. 다만 모든 물질이 원자 또는 분자로 이루어져 있는 이상, 이 세상에 전혀 변형되지 않는 물질은 없습니다. 유리는 변형되지 않는 것처럼 보이지만, 정밀하게 실험하다 보면 미세하게나마 변형되는 것을 확인할 수 있습니다. 예를 들어 길이 1*m*, 단면적 1㎠인 유리 봉에 73*kg*의 추를 달면 유리 봉은 약

0.1mm 늘어납니다.

: 물체는 어느 정도까지 변형될까? :

탄성이 한계에 다다르면 원래 상태로 돌아가지 않거나 망가집니다. 이를 '탄성 한계'라고 합니다. 고무줄을 강한 힘으로 당기면 너무 늘어나서 원래 상태로 돌아가지 않거나 뚝 하고 끊어지는 것을 예로 들 수 있습니다. 이렇게 되는 이유는 탄성 한계를 넘는 힘을 가했기 때문입니다. 한편, 고무줄처럼 변형되기 쉬운 물질도 있지만 강철처럼 잘 변형되지 않는 물질도 있습니다. 이때 변형하는 데 필요한 힘을 '탄성 계수'라고 합니다. 우리는 평소에 탄성 계수가 큰 물체를 '단단하다'라고 하고 탄성 계수가 작은 물체를 '부드럽다'라고 표현합니다.

탄성 계수가 큰 물체를 변형시켰다는 말은 강한 힘을 가했다는 의미이기 때문에 그 물체가 원래 형태로 돌아오려고 할 때의 탄성력도 커집니다. 튼튼한 고무줄일수록 늘어난 후에 더 힘 있게 원래 상태로 돌아오는 것도 그 때문입니다. 같은 고무줄이라도 봉투를 밀폐하기 위한 고무줄, 운동복의 신축성 강한 고무줄, 잠옷의 다소 느슨한 고무줄 등 각각 사용법에 맞는 두께의 고무줄을 선택할 수 있습니다.

: 동아시아에서 젓가락 문화가 발달한 이유 :

생고기와 구운 고기처럼, 같은 물질이라고 하더라도 탄성이 바뀔 수 있습니다. 생고기를 가열하면 단백질의 성질이 바뀌어서 탄성 계수가 커지고 그만큼 포크에도 강한 힘이 가해지기 때문에 포크가 잘 빠지지 않습니다. 따라서 스테이크의 굽기 정도를 손으로 눌러서 확인하는 것은 적절한 방법이라고 할 수 있습니다.

생선은 가열하면 탄성 계수가 작아집니다. 포크로 찌르면 탄성력이 약해서 쉽게 포크가 빠지고 생선 살이 흐트러져서 먹기가 힘듭니다. 그래서 채소나 어패류 등 탄성력이 작은 음식을 많이 먹는 중국이나 일본, 한국에서는 포크가 아니라 젓가락으로 음식을 집어 먹는 것이 편하겠다는 생각을 하게 된 것입니다.

포크의 작용이 집으려고 하는 음식물의 성질에 따라 크게 달라진다는 사실은 흥미로운 일입니다. 앞으로 부드러운 케이크나 두툼한 스테이크를 먹을 때는 포크를 이용해서 음식의 탄성 차이를 느껴 보기 바랍니다.

✦ 금속은 분자가 아니라 금속 원자의 결합으로 이루어져 있는데, 금속 원자 사이에도 분자간력과 같은 힘이 작용하기 때문에 탄성이 있습니다(134쪽 참고).

✦✦ 물리는 사물의 근원적인 이치를 발견하기 위해 대상을 이상화합니다. '강체'의 정의는 힘을 가해도 전혀 변하지 않는 물체를 말하지만, 현실에 완전한 강체는 존재하지 않습니다. 물리의 세계는 현실을 극단적으로 단순화한 것입니다.

그 외에도 '질점material point'이라는 개념은 질량은 있지만 크기나 부피가 없는 물체를 말합니다. 물론 그러한 물체는 현실에 존재하지 않습니다. 다만 부피가 있는 것에 힘을 가하면 이야기가 복잡해지기 때문에 물체의 움직임이나 운동을 살펴보고 싶을 때는 물체를 질점으로 치환하는 편이 더 편리합니다.

이렇게 물리의 세계에는 비전문가가 보면 무슨 뜻인지 이해하기 힘든 개념이 많습니다. '매끄럽다'는 마찰이 없다, '거칠다'는 마찰이 있다는 의미입니다. 또 '가볍다'는 질량을 무시한다는 뜻이며 '천천히'는 균등한 속도로 움직이는 것을 의미합니다.

예전에 한 학생이 "선생님, '순간'은 몇 초 정도인가요?"라는 질문을 한 적이 있습니다. 간단해 보이지만 대답하기 곤란한 질문이라 "순간은 한없이 짧은 시간이라고밖에 할 수 없어"라고 답하며 사과했던 기억이 납니다. 왜냐하면, 물리에서 말하는 '순간'이란 시간을 측정할 수 없을 정도로 짧은 시간을 말하기 때문입니다.

이러한 개념들은 문제를 풀기 위해 만들어 낸 것으로, 가능한 한 단순한 조건으로 생각하기 위한 방법이기도 합니다. 참고로 빛의 성질과 현상을 연구하는 광학에서는 '평행한 광선은 무한히 먼 곳에서 교차한다'와 같은 무모한 조건을 다루기도 합니다.

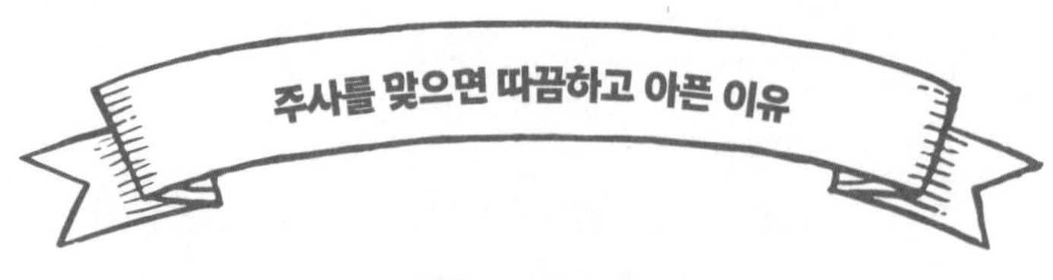

주사기

#마찰

꽂는 도구라고 하면 가장 먼저 주사기를 떠올리는 사람도 있을 것입니다. 끝이 뾰족한 바늘을 푹 찔러서 피부에 구멍을 내기 때문에 주사를 맞으면 당연히 아픔을 느낍니다.[+]

주사를 맞았을 때 아픈 이유는 피부에 있는 통점 때문이기도 하지만 마찰 때문이기도 합니다. 금속인 바늘과 인체라고 하는 서로 이질적인 것들이 맞닿으면 마찰이 발생합니다. 마찰로 인해 바늘이 잘 들어가지 않으면 주변 피부나 근육, 혈관이 다치게 됩니다. 그리고 꽂고 뺄 때 시간이 걸리기 때문에 그 사이에 통증이 축적되어 더 아프다고 느낍니다. 접촉했을 때의 마찰을 최소화하면 주사의 고통이나 상처도 줄일 수 있습니다.

1장의 흘려보내는 도구에서는 물이나 공기 등의 유체 마찰에 대해서 언급했습니다. 여기서는 고체끼리의 마찰과, 물체를 부드럽게 움직이기 위한 마찰의 원인과 법칙에 대해서 살펴보겠습니다.

다빈치가 발견한 마찰의 법칙

물체와 물체가 닿아 있을 때 어느 한쪽을 움직이려고 하면 둘 사이에서는 움직임을 방해하는 힘이 발생합니다. 이러한 현상을 마찰, 이때 작용하는 힘을 마찰력이라고 부릅니다. 마찰력을 단순히 마찰이라고 하기도 합니다. 마찰이 작으면 물체의 움직임이 부드러워지기 때문에 움직일 때 큰 힘을 들이지 않아도 됩니다.

마찰 연구는 오래전부터 이루어졌는데 그중에서도 레오나르도 다빈치의 연구가 유명합니다. 다양한 기계를 고안한 다빈치에게 마찰은 흥미로운 연구 대상이었습니다. 다빈치가 남긴 기록에는 물체의 재질이 다르면 마찰력의 크기에도 차이가 있다는 점, 매끈한 물체일수록 마찰력이 작다는 점 등이 적혀 있습니다. 이어서 다빈치는 이렇게 기록했습니다.

모든 물체는 미끄러질 때 마찰이라는 저항이 발생하고, 표면이 매끄러운 평면 사이의 마찰력은 그 무게의 4분의 1이다.

예를 들어 평평한 책상 위에 4*kg*의 짐이 놓여 있을 때, 1*kg*의 힘으로 당기면 수평으로 움직일 수 있다는 것입니다.

다빈치가 발견한 법칙은 현재 사용되고 있는 물리 법칙에 적용해도 대부분 잘 들어맞습니다. 오늘날에도 적용할 수 있는 법칙을 발견하다니 그저 천재라고밖에 할 말이 없네요.

: 마찰력은 물체의 무게와 비례할까? :

다빈치의 위대한 연구에 이어 마찰 연구에서 성과를 낸 사람은 프랑스의 물리학자인 기욤 아몽통Guillaume Amontons이었습니다. 아몽통은 다빈치가 스케치로 남긴 실험을 재현하고 1699년에 다음과 같은 법칙을 발표했습니다.

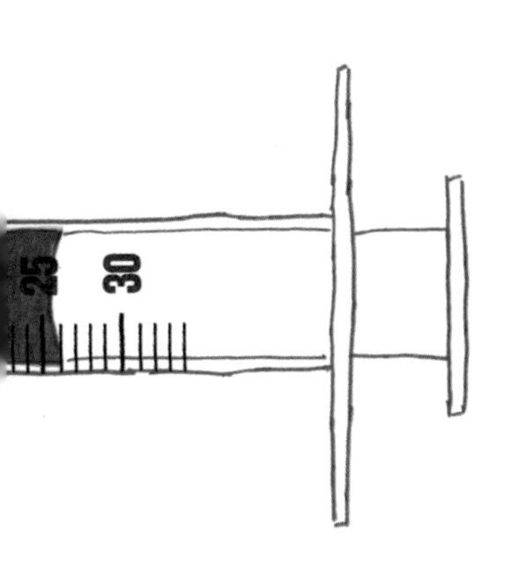

마찰력은 책상이나 바닥 면이 물체를 떠받치는 힘(수직 항력)과 비례하고 겉으로 보이는 접촉 면적과는 관계가 없다.

쉽게 말하면 책상 위에 캐러멜 상자를 세워 두든 눕혀 두든 상관 없이, 즉 접촉 면적이 달라져도 마찰력은 달라지지 않는다는 것입니다.

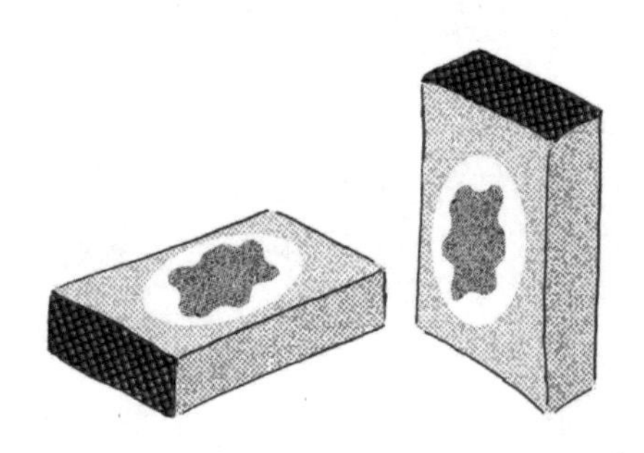

마찰력은 바닥 면적에 비례하지 않는다.

다빈치의 기록을 보면 마찰력은 물체의 무게와 비례하는 것처럼 보입니다. 하지만 아몽통은 마찰의 크기는 무게(중력)가 아니라 '수직 항력'에 비례한다고 표현을 바꾸었습니다. 물체를 지탱하는 수직 항력은 무게와 비슷한 경우가 많아서 헷갈리기 쉽지만, 물체에 실을 달아서 책상이나 바닥에서 떨어지지 않을 정도로만 위쪽으로 당기면 그만큼 수직 항력은 줄어듭니다. 물론 마찰력도 줄어들죠.

물체가 책상이나 바닥 면에서 떨어지면 마찰 자체가 없어집니다. 마찰력은 물체의 무게가 아니라 물체와 그것을 지탱하는 평면이 서로에게 미치는 영향의 크기에 비례한다고 아몽통은 생각한 것입니다.

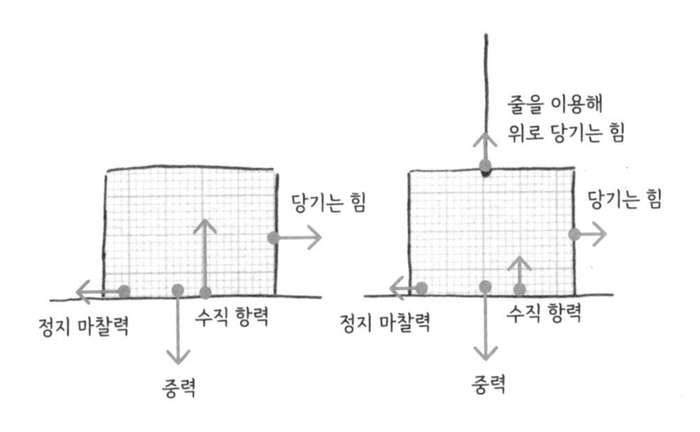

왼쪽 그림과 같이 바닥에 놓은 물체를 당길 때는 '중력의 크기=수직 항력의 크기'이며 발생하는 정지 마찰력의 크기만큼 당기는 힘이 필요하다. 오른쪽 그림과 같이 물체에 줄을 달고 바닥에서 떨어지지 않을 정도로 들어 올릴 때는 '중력의 크기=수직 항력의 크기+위로 당기는 힘'이 되어 상대적으로 수직 항력의 크기가 감소하기 때문에 정지 마찰력이 줄어들고 당기는 힘도 작아진다.

: 물체가 움직이기 시작하면 마찰이 작아진다? :

1781년에는 마찬가지로 프랑스의 물리학자인 샤를 드 쿨롱Charles Augustin de Coulomb이 아몽통의 법칙에 새로운 내용을 추가해 '마찰의 법칙law of friction'을 발표했습니다. 쿨롱이 추가한 내용은 다음의 두 가지입니다.

1. 멈춰 있는 물체를 움직이려고 할 때의 마찰력(정지 마찰력)은 움직이고 있을 때의 마찰력(운동 마찰력)보다 크다.
2. 운동 마찰력은 속도와 상관없이 일정하다.

이 내용은 우리가 평소 일상에서도 자주 경험하는 것들입니다. 예를 들어, 무거운 책상을 밀거나 당길 때 책상이 움직이기 시작할 때까지는 있는 힘껏 힘을 주지만 일단 움직이기 시작하면 힘이 순간적으로 빠지는 듯한 느낌이 듭니다. 이것은 기분 탓이 아니라 실제로 그렇습니다. 움직이기 전의 마찰력보다 움직이기 시작한 후의 마찰력이 더 작기 때문입니다. 주사도 마찬가지입니다. 바늘이 피부 속을 지나갈 때보다 주사기를 꽂는 순간에 더 아프다고 느낍니다.

오늘날에는 이러한 법칙을 하나로 엮어서 '아몽통-쿨롱의 법칙'이라고 합니다. 산업 혁명이 한창 진행 중이던 당시에 그들이 발견한 마찰의 법칙은 기계의 성능을 향상시키는 데에 크게 기여했습니다.

: 마찰이 생기는 진짜 원인은 무엇일까? :

그렇다면 아몽통과 쿨롱은 마찰의 원인이 무엇이라고 생각했을까요? 이들은 마찰이 사물 표면의 울퉁불퉁함 때문에 발생한다고 생각했습니다. 이것을 요철설roughness theory이라고 합니다. 쿨롱은 평면 위의 물체를 수평으로 움직이려고 할 때, 표면의 울퉁불퉁함(요철) 때문에 물체가 상하 운동을 반복하므로 여분의 힘이 더 필요하다고 주장했습니다. 그리고 그 힘이 바로 마찰력이라고 역설했습니다.

저도 매일 자전거로 통근을 하며 이러한 쿨롱의 고찰을 몸소 느끼고 있습니다. 실제로 제대로 포장되어 있지 않은 거친 길을 자전거로 달리면 몸이 위아래로 움직이기 때문입니다.

그런데 같은 시대에 요철설에 이의를 제기한 과학자도 있었습니다. 영국의 과학자 존 데사굴리에John Theophilus Desaguliers입니다. 데사굴리에는 납 구슬을 잘라서 절단면을 문지른 후 서로 가까이 대면 달라붙는 현상을 보고, 마찰은 원자나 분자가 서로 당기는 힘 때문에 발생한다고 생각했습니다. 이것을 응착설adhesion theory이라고 합니다. 요철설은 이미 실험을 통해 확인되었지만 요철설과 응착설 중 어느 쪽이 맞는지는 그 당시에도 결론을 내릴 수 없는 논쟁거리였습니다.

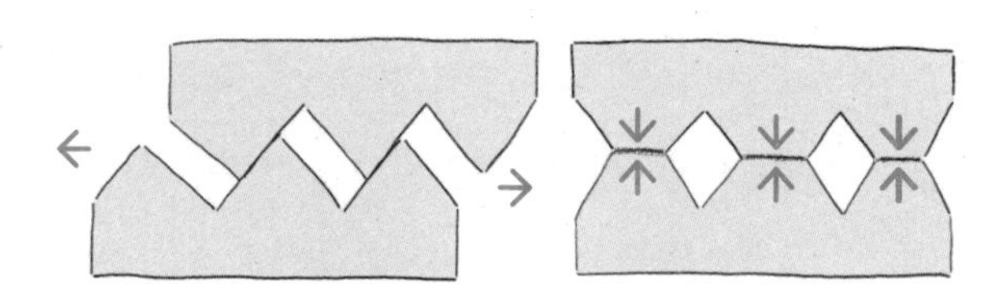

요철설(좌)과 응착설(우)의 이미지

20세기 들어 연마 기술이 발달하면서, 거친 표면을 갈아 마찰을 줄이고 물체의 표면을 더 매끄럽게 만들 수 있게 되었습니다. 반면 지나치게 많이 다듬으면 반대로 마찰이 커지기도 한다는 사실이 확인되었습니다. 이 현상은 요철설로는 설명이 되지 않았습니다. 이후 물질이 원자나 분자로 이루어져 있다는 사실이 밝혀지자 이 현상을 분자끼리 당기거나 밀어내는 힘, 즉 '분자간력(88쪽 참고)'으로 설명하려는 시도가 등장했습니다. 물체를 연마해서 물질을 덮고 있던 녹이나 오염 물질이 사라지면 물질을 구성하는 원자나 분자가 드러나게 되고, 그러면 분자간력이 강하게 작용하기 때문에 접촉한 물체끼리 서로 끌어당겨 움직이기 힘들어진다고 생각한 것입니다. 20세기 후반이 되자 이러한 가설은 실험을 통해 확인되었고 데사굴리에가 제창한 응착설의 근거가 확립되었습니다.

: 아프지 않은 주사기가 개발된다면 :

그렇다면 결국 요철설과 응착설 중 무엇이 맞을까요? 어느 하나만 정답이라고는 할 수 없습니다. 현실에서는 이러한 요인들이 복잡하게 얽혀 있기 때문입니다. 다만, 일상에서 느끼는 마찰의 대부분은 물체 표면의 울퉁불퉁함이 주요 원인입니다. 주사기도 인체와 금속 바늘이라고 하는 서로 다른 분자가 만나는 것이기에 분자간력은 그렇게 크지 않습니다. 주사기 역시 표면의 울퉁불퉁함이 마찰의 원인이라고 할 수 있습니다.

최근에는 주삿바늘의 표면을 철저하게 연마해서 표면의 울퉁불퉁함을 최대한 매끄럽게 한 부드러운 주사기 개발이 이루어지고 있습니다. 이때 바늘의 안쪽 부분도 매끄럽게 연마합니다. 바늘의 내부에 튀어나온 부분이 있으면 주사제의 흐름이 느려지기 때문에, 바늘 바깥쪽뿐만 아니라 안쪽도 연마해서 주사 시간을 단축시켜 그만큼 고통을 줄이려는 것입니다.

주사를 맞을 때의 통증은 개인차도 있고 주사를 놓는 사람의 기량에 영향을 받기도 합니다. 하지만 조금이라도 고통의 원인을 줄이려고 기업이나 연구 기관은 치열하게 경쟁하고 있습니다.✦✦ '아프지 않은 주삿바늘'도 이제 머지않은 미래에 현실이 될 것입니다.

✦ 과거에는 약이라고 하면 먹거나 환부에 바르는 것이었습니다. 17세기 영국의 의사 윌리엄 하비William Harvey는 '혈액 순환의 원리'를 발견했습니다. 덕분에 혈액이 몸속에 그물처럼 뻗어 있는 혈관 속을 돌아다니며 신체 각 부분에 필요한 것을 전달하고, 필요 없는 것은 회수한다는 사실이 세상에 밝혀졌습니다. 그에 따라 복용한 약이 위나 장을 통해, 피부에 바른 약이 피부를 통해 흡수되기를 기다리기보다 혈관 등을 통해 직접 체내에 주입하는 것이 효과가 빠르다는 생각을 하게 되었습니다. 1658년에 영국의 해부학자인 크리스토퍼 렌Christopher Wren이 돼지의 방광으로 만든 주머니에 용액을 담고 거위의 깃대를 통해 개의 정맥 내에 약물을 투여한 것이 주사의 시작이라고 알려져 있습니다.

✦✦ 간사이대학교 시스템공학부 기계공학과의 로봇마이크로시스템 연구실에서는 모기가 찌르는 행동을 고속 카메라로 관찰한 영상을 분석해 주삿바늘의 연구 개발을 진행하고 있습니다. 모기의 바늘은 하나인 것처럼 보이지만 실제로는 윗입술, 아랫입술, 인두, 그리고 각각 두 개씩인 큰 턱과 작은 턱을 합해 모두 일곱 개입니다. 모기는 이 일곱 개의 바늘을 활용해서 피를 빨아들입니다. 그중에서도 중요한 바늘이 피가 지나가는 길인 윗입술과 양쪽에 있는 작은 턱을 포함한 세 개입니다. 이 세 개의 바늘을 꽂고 빼면서 전진하고 인두에서 타액을 내보내 혈액이 굳지 않도록 한 후 시간을 들여서 윗입술의 바늘로 피를 빨아들입니다.
고속 카메라의 분석을 통해, 모기가 바늘을 꽂아도 인간이 고통을 느끼지 않는 이유는 작은 턱의 끝부분이 들쭉날쭉하게 되어 있어서 꽂을 때 저항력을 줄이기 때문이라는 사실을 알아냈습니다. 연구 결과를 토대로 모기의 바늘 모양을 모방한 채혈용 주삿바늘의 개발이 이루어지고 있습니다. 이 주삿바늘은 잦은 채혈을 해야 하는 환자들의 스트레스를 줄일 수 있을 것으로 기대되고 있습니다.

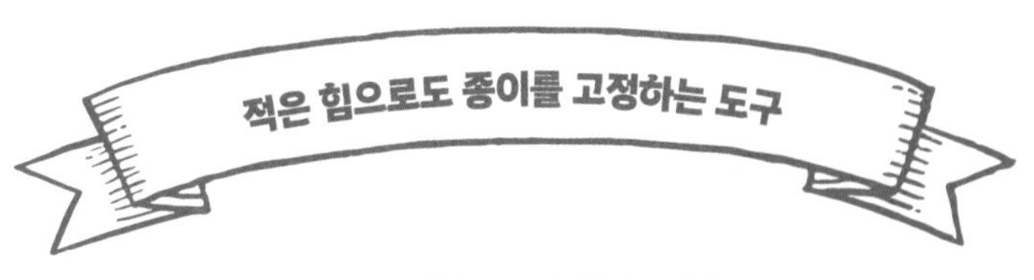

스테이플러

#지레의원리

어느 날 별생각 없이 회사에 있는 스테이플러를 쓰다가 의아하다는 생각이 들었습니다. 서류를 고정하는 데 평소보다 힘이 덜 든다고 느꼈기 때문입니다. 순간 고장이 났나 했는데 잘 보니 종이 뭉치는 잘 고정되어 있었습니다.

겉으로 보기에는 지금까지 사용했던 스테이플러보다 두께감이 있어 보였습니다. 업체 홈페이지를 봤더니 '노약자도 편하게 사용할 수 있는 제품'이라는 콘셉트로 지레의 원리를 이용해 누를 때 필요한 힘을 50% 줄였다고 적혀 있었습니다. 실제로도 일반적인 스테이플러보다 적은 힘으로 문서를 고정할 수 있었습니다. 이 스테이플러에는 대체 어떠한 원리가 적용되었을까요?

: 적은 힘으로 물체를 움직이는 원리 :

지레의 원리는 초등학생 때 배운 이후로 접한 적이 없어서 생소할지도 모르겠습니다. 초등학교에서는 지레의 원리를 '적은 힘을 들여 더 큰 힘을 내게 하는 것'이라고 배웁니다. 지레는 도구라고 생각하기 쉽지만 사물을 움직이는 원리입니다.

교과서에는 받침대 위에 하나의 긴 봉을 수평으로 놓은 시소와 같은 모양의 지레가 실려 있습니다. 봉의 왼쪽 끝에 물체를 매달면 물체의 무게 때문에 봉은 왼쪽으로 기웁니다. 그리고 봉의 오른쪽 끝을 손으로 누르면 물체는 들어 올려집니다. 이때 손의 위치가 받침점에서 멀어질수록 적은 힘으로 물건을 들어 올릴 수 있습니다. 이것이 지레의 원리입니다.

지레에는 세 가지 지점이 있습니다. 각각 힘을 가하는 지점을 '힘점', 힘이 작용하는 지점을 '작용점', 받치는 지점을 '받침점'이라고 합니다. 이 세 점의 위치나 거리를 이용해 가하는 힘과 작용하는 힘의 크기를 바꿀 수 있는 것이 바로 지레의 원리입니다.

지레의 세 지점 사이에는 다음과 같은 관계가 성립합니다.

힘점의 힘 크기×받침점에서 힘점까지의 거리
= 작용점의 힘 크기×받침점에서 작용점까지의 거리

즉, 받침점에서 힘점까지의 거리를 받침점에서 작용점까지의 거리보다 멀게 하면 힘점에서 가한 힘보다 더 큰 힘이 작용점에 가해집니다.

: 아르키메데스의 사고 실험 :

지레의 원리를 누가 제일 처음 생각해 냈는지는 정확하게 밝혀지지 않았지만, 고대 그리스의 발명가 아르키메데스 Archimedes✦가 남긴 유명한 말이 있습니다.

"나에게 긴 막대기와 튼튼한 받침대를 주면 지구를 움직여 보이겠다."

만약 우주에 받침점을 만들 수 있다면 아르키메데스 혼자서도 지레의 원리를 이용해 지구를 움직일 수 있다는 말이었습니다. 엄청난 사고 실험thought experiment입니다. 만약 아르키메데

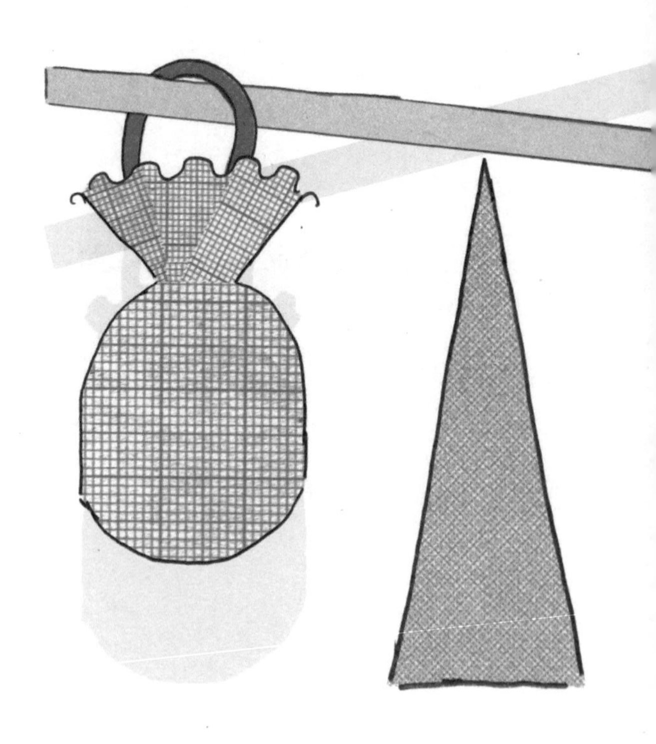

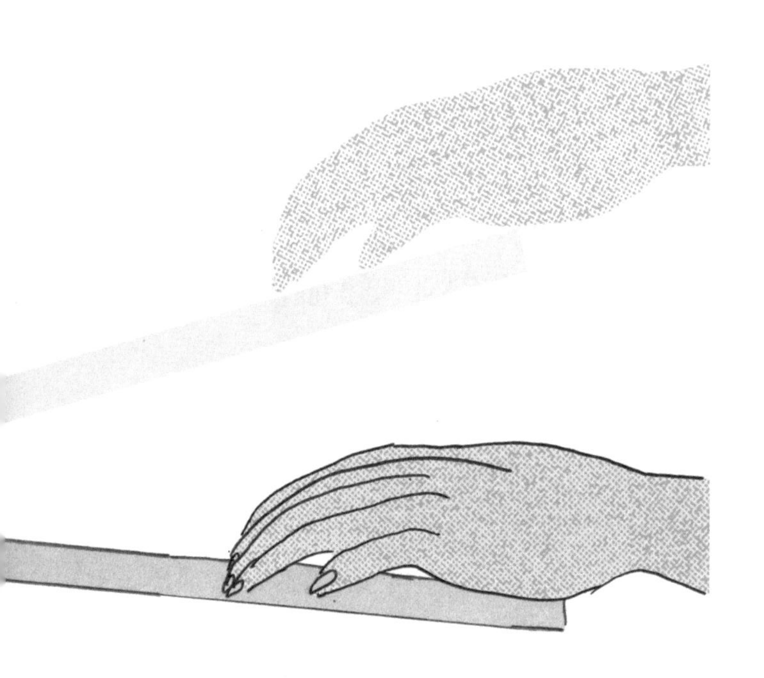

스의 말이 현실이 된다면 힘점에서 받침점까지의 거리는 분명 몇 광년이나 될 정도로 끝없이 길 것입니다. 어쩌면 우리 은하를 벗어날 수도 있습니다. 지구는 상상 이상으로 무겁기 때문입니다.

: 스테이플러는 지레의 원리를 이용한 것일까? :

일상생활에서 교과서에 나오는 하나의 봉으로 이루어진 단순한 지레를 볼 기회는 거의 없습니다. 하지만 우리가 평소에 사용하는 도구 중에는 지레의 원리를 이용한 것이 많이 있습니다. 가위(164쪽 참고)나 장도리, 손톱깎이가 대표적인 도구입니다.

가위는 손잡이가 달린 두 개의 칼날을 겹쳐서 그 중심을 고정한 도구입니다. 두 손잡이를 가깝게 모으면 고정된 부분이 받침점이 되어 두 개의 지레가 반대 방향으로 움직이고 끝부분이 가까워집니다. 손잡이(힘점)가 칼날로 자르는 위치(작용점)보다 고정점(받침점)에 가깝기 때문에 단단한 물건이라도 쉽게 자를 수 있습니다.

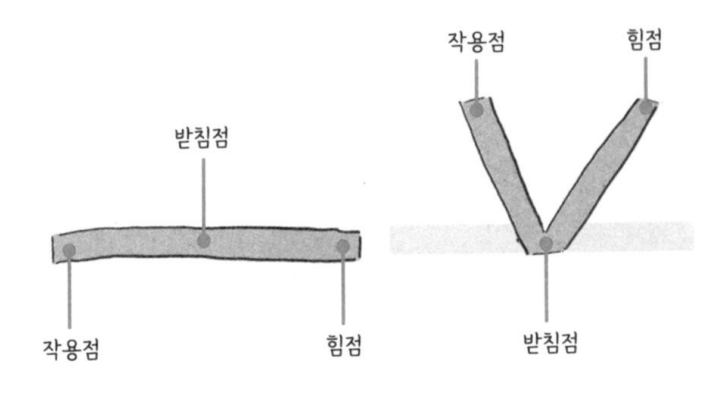

스테이플러는 지레 막대를 한 번 접은 듯한 구조이다.

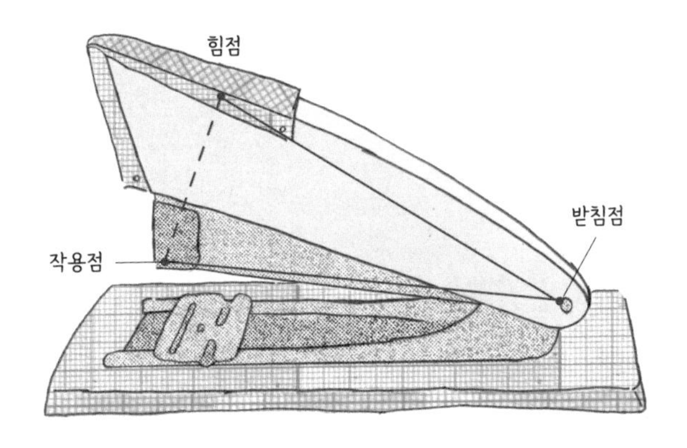

그렇다면 스테이플러는 어떤 원리일까요? 우리가 흔히 사용하는 스테이플러는 엄지손가락으로 누르는 곳이 힘점이고 스테이플러의 끝부분에 해당하는 연결부가 받침점, 심이 나와서

종이를 고정하는 부분이 작용점입니다. 이것은 앞에 나온 그림처럼 곧은 막대를 한 번 접은 듯한 구조입니다.

잘 살펴보면 엄지손가락으로 누르는 부분(힘점)과 심을 고정하는 부분(작용점)은 연결 부분(받침점)과의 거리가 거의 같습니다. 즉 가해지는 힘의 크기가 작용점에서 거의 변하지 않기 때문에 기존의 스테이플러는 지레의 원리를 활용했다고는 할 수 없습니다. 딱딱한 금속 심이 쉽게 구부러지는 이유는 스테이플러가 손으로 감싸듯이 들고 손바닥 전체에 힘을 쉽게 줄 수 있는 구조이기 때문입니다.

: 지레를 겹치면 쉽게 고정된다? :

그렇다면 지레의 원리를 응용한 새로운 스테이플러는 어떤 구조일까요? 지레의 원리를 잘 활용하려면 받침점에서 힘점까지의 거리를 받침점에서 작용점까지의 거리보다 길어지게 해야 합니다.

그래서 이번에는 받침점을 두 개 만들어서 지레도 두 번 작용하게 해 적은 힘으로 훨씬 더 큰 힘을 전달하는 방법을 생각

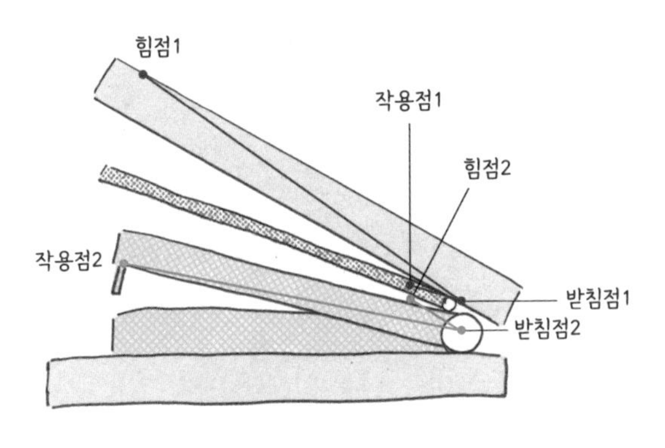

지레를 두 개 겹친 스테이플러

해 낸 것입니다. 스테이플러의 손잡이(엄지손가락으로 누르는 손잡이의 위쪽) 길이를 바꾸는 것이 아니라 지레를 겹쳐서 작용점에서 받침점까지의 종합적인 거리를 늘리는 것입니다. 새로운 스테이플러의 내부를 보면 손잡이가 위아래 두 개 겹쳐 있고 받침점도 두 개입니다. 다르게 말하면 스테이플러의 안쪽에 또 하나의 스테이플러가 들어가 있는 구조입니다.

위의 그림처럼 바깥쪽 스테이플러(빨간 선으로 표시한 첫 번째 지레)의 누르는 위치(힘점1)보다도 안쪽의 스테이플러(파란 선으로 표시한 두 번째 지레)의 누르는 위치(작용점1)가 받침점과 더 가깝습니다. 이렇게 되면 지레의 원리가 작용해 엄지로 누르는 힘보다 더 큰 힘으로 안쪽 스테이플러(두 번째 지레)를 움직이게 할 수 있습니다.

안쪽 스테이플러는 바깥쪽 스테이플러로 인해 눌린 위치(힘점2)보다도 심이 고정하는 위치(작용점2)가 받침점에서 멀기 때문에 작용하는 힘이 약해집니다. 하지만 바깥쪽 스테이플러(첫 번째 지레)가 만들어내는 힘이 압도적으로 크기 때문에 결과적으로 처음에 엄지로 누른 힘보다도 더 큰 힘으로 심을 고정할 수 있는 것입니다. 보기에는 일반적인 스테이플러와 큰 차이가 없지만 실제로 사용해 보면 허무할 정도로 작은 힘으로도 문서를 고정할 수 있어서 신기하게 느껴질 정도입니다.

이처럼 지레를 겹친다는 아이디어는 대발견처럼 느껴지지만 사실은 그렇지 않습니다. 우리가 흔히 볼 수 있는 손톱깎이는 핀셋 위에 장도리가 올라가 있는 듯한 구조입니다. 핀셋도 장도리도 지레를 이용한 도구이기에, 사실상 손톱깎이 역시 두 개의 지레를 붙인 도구인 셈입니다.

이론적으로 지레는 얼마든지 겹쳐 쓸 수 있고 겹치는 만큼 작용하는 힘도 커집니다. 다만 그만큼 도구의 크기도 커지기 때문에 현실적으로는 두 개 정도가 한계입니다. 어쨌거나, 스마트폰이나 AI 등의 최신 기술의 발달에만 주목하기 쉬운 요즘이지만 사무실의 스테이플러처럼 익숙한 도구들도 나날이 진화하고 있다고 생각하니 왠지 모르게 뿌듯한 마음이 듭니다.

✦ 아르키메데스는 '아르키메데스의 원리'를 발견해 순금의 왕관에 불순물이 들어 있다는 사실을 발견한 일화로 유명합니다. 아르키메데스의 원리란 물속에 물체를 넣으면 물체가 밀어낸 부피만큼의 물에 작용하는 중력과 동일한 부력을 받는다는 원리입니다.

왕에게 왕관에 불순물이 섞이지 않았는지를 조사하라는 지시를 받은 아르키메데스는 의심스러운 왕관과, 같은 무게의 금괴를 준비해 공중에서 저울로 균형을 맞춘 다음 물속에 넣어 보았습니다. 그 결과 저울의 봉이 기울어졌고, 두 물체 간 부력이 다르다는 사실을 확인했습니다. 무게는 같지만 부피가 다르다는 것, 즉 불순물이 들어가 있다는 사실을 밝혀낸 것입니다. 아르키메데스는 목욕을 하다 이 원리를 깨닫고는 너무 좋아서 헐벗은 채로 뛰어다녔다고 합니다.

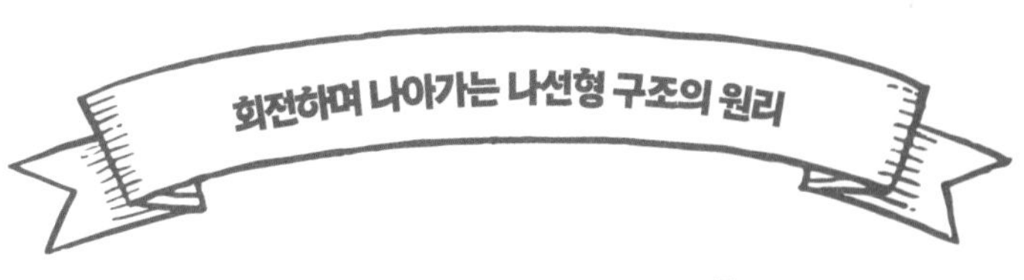

와인 오프너

#마찰 #탄성

와인의 마개를 빼는 오프너는 다른 말로 코르크스크루라고 합니다. 스크루란 나선을 의미하는 말이고 나선형 구조를 사용한 도구는 나사, 용수철, 드릴(스크루드라이버라고도 합니다), 계단 등 주변에서도 많이 찾아볼 수 있습니다. 나선형 구조는 자연에도 존재합니다. 소라 등의 고둥, 나팔꽃 등의 식물 덩굴도 나선형 구조이고 생물의 유전자 정보를 전달하는 DNA도 이중 나선형 구조입니다. 분명 선조들은 자연 속에서 힌트를 얻어 나선형 도구를 만들었을 것입니다. 왜 도구를 직선이 아닌 나

선형으로 만들었을까요?

: 나선형 구조를 펼치면 경사면이 된다 :

나선형 구조를 사용한 가장 오래된 도구로 기록되어 있는 것은 아르키메데스의 스크루 펌프(아르키메데스의 나선)입니다. 아르키메데스가 처음 생각했는지는 확실하지 않지만 배가 침수됐을 때 아르키메데스는 이 펌프를 사용해 물을 배 밖으로 내보냈다고 합니다.

스크루 펌프의 관 속에는 나선형 축이 들어가 있습니다. 축을 돌리면 나선도 함께 회전합니다. 마치 우리가 나선형 계단을 올라가듯이 관 밑에서 퍼낸 물이 나선을 따라 위로 옮겨집니다. 쉽게 옮길 수 있기 때문에 지금도 콘크리트 믹서차 등에 사용되고 있습니다.

스크루 펌프나 나사, 드릴은 잘 보면 회전하면서도 앞으로 나갑니다. 나선형 구조의 가장 큰 특징은 직진 운동 대신에 비스듬한 회전 운동을 통해 편하게 작업할 수 있다는 점입니다. 직선으로 움직이려면 힘들지만 비스듬하게 움직이면 부담이 줄어드는 경우가 자주 있습니다. 계단을 한 단씩 올라가는 것보다 완만한 경사로로 가는 쪽이 더 편하다고 느끼는 것과 같습니다. 계단에서는 중력을 거슬러 몸을 들어 올려야 하지만 경사로는 경사면이 지탱해 주는 만큼 몸을 들어 올리는 데 힘을 많이 들이지 않아도 되기 때문입니다.

와인 오프너나 나사와 같이 물체를 아래쪽으로 끼워 넣을 때는 중력이 아니라 마찰력이 움직임을 방해하는 원인이 됩니

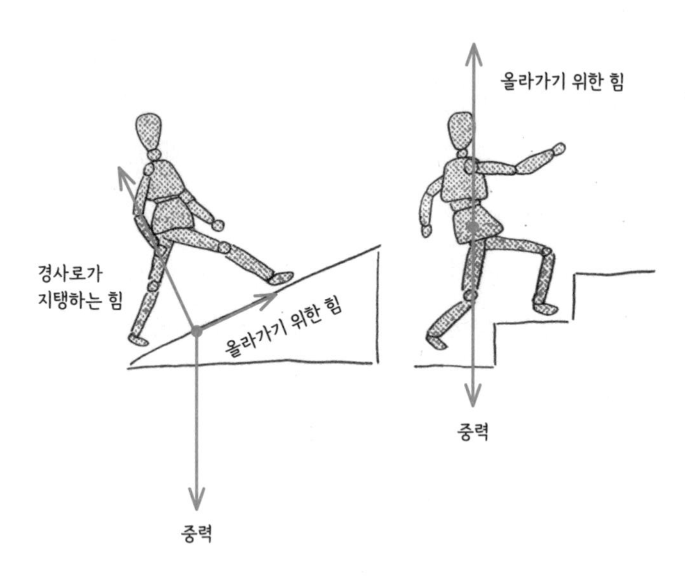

계단과 비교해 경사로는 경사면이 몸을 지탱해 주는 만큼 더 적은 힘으로 올라갈 수 있다.

다. 와인 오프너나 나사의 나선을 길게 펼쳐 보면 경사로와 마찬가지로 완만한 경사면입니다. 나선형 구조로 마찰의 저항을 줄이면서 조금씩 전진하기 때문에 못보다 힘을 덜 들이고 꽂아 넣을 수 있습니다.

: 코르크 마개를 뺄 때 못이 아닌 오프너를 쓰는 이유 :

꽂는 것에만 중점을 둔다면 밋밋한 못도 망치를 사용해 쉽게 나무판에 박을 수 있습니다. 여기서는 빠지지 않도록 하려면 어떻게 해야 할지 생각해 봅시다. 와인 오프너의 최대 목표는 병 안에 꽉 끼어 있는 코르크를 빼는 것입니다. 코르크 마개를 빼내려면 와인 오프너가 코르크에서 쉽게 빠져서는 안 됩니다. 하지만 못은 코르크 마개에 쉽게 박을 수 있는 대신 막상 뽑으려고 하면 코르크 마개는 그 자리에 있고 못만 빠집니다. 매끈한 못은 끝부분이나 바로 옆에서만 코르크의 탄성(85쪽 참고)을 받습니다. 아무래도 꽂는 행위와 탄성은 깊은 관련이 있는 듯합니다.

나선형의 오프너는 코르크와 만나는 면적이 못보다 넓기 때

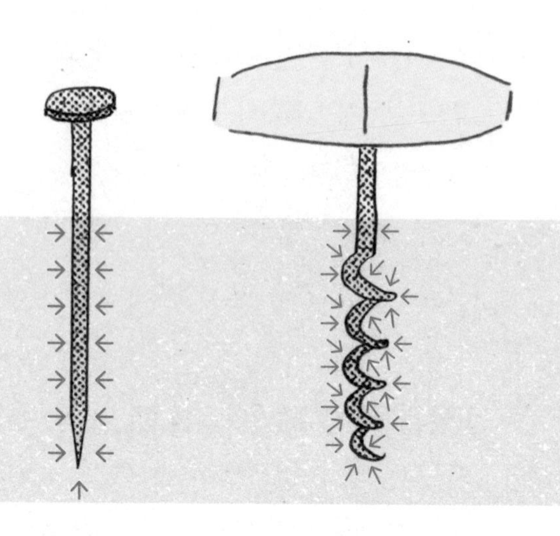

나선형 구조는 코르크와의 접촉 면적이 늘어나기 때문에 쉽게 빠지지 않는다.

문에 그만큼 탄성이 커집니다. 와인 오프너를 빼려고 하면 나선 사이사이에 끼어 있는 코르크에도 힘이 가해집니다. 동시에 와인 오프너에는 상하좌우 다양한 방향에서 코르크의 탄성이 작용합니다. 이렇게 서로 힘을 주고받으면서 강하게 결합하기 때문에 와인 오프너를 당기기만 해도 코르크 마개가 함께 빠지는 것입니다.

주삿바늘처럼 쉽게 들어가고 쉽게 빠지도록 만들기는 비교적 쉽지만, 쉽게 들어가는데 잘 빠지지 않게 하기는 쉽지 않습니다. 이러한 어려운 일을 가능하게 하는 것이 바로 나선형 구조입니다.

: 일단 꽂기는 했는데 빼기가 어렵다면 :

잘 빠진다고는 하지만 와인 오프너를 사용했는데도 코르크 마개를 빼는 데 실패하는 사람도 많습니다. 이렇게 말하는 저도 그런 사람 중 한 명입니다. 잘 빠지지 않으면 코르크 마개가 엉망이 되어서 결국 펜치를 사용해 억지로 뺄 수밖에 없습니다. 그렇게 되면 멋지게 샴페인을 따는 화려한 연출도 할 수가 없습니다. 마개를 잘 따기 위한 비결은 없을까요?

그럴 때 주목해야 할 것이 바로 마찰입니다. 앞서 소개한 주사기 부분에서, 움직이는 순간의 마찰력보다 움직이기 시작한 후의 마찰력이 작다(100쪽 참고)고 설명했습니다. 이 사실을 염두에 두고, 와인 오프너를 코르크 마개에 꽂고 나서 한 번에 힘을 주어 빼려고 하지 말고 조금씩 힘을 주면 됩니다. 그러다 보면 어느 순간 가볍게 빠지기 시작합니다. 그때 힘을 유지한 채로 서두르지 말고 천천히 빼면, '뻥!' 하고 기분 좋은 소리를 내면서 코르크 마개가 빠질 것입니다.

이렇게 따져 보면 와인 오프너는 나선의 물리학을 활용한 도구라는 사실을 알 수 있습니다. 도구에 적용된 물리 법칙을 생각하는 일은 효율적으로 도구를 잘 활용하는 데에 도움이 됩니다. 물론 그 도구의 구조를 최대한 활용하려면 적절한 방식으로 사용할 줄도 알아야 하고요.

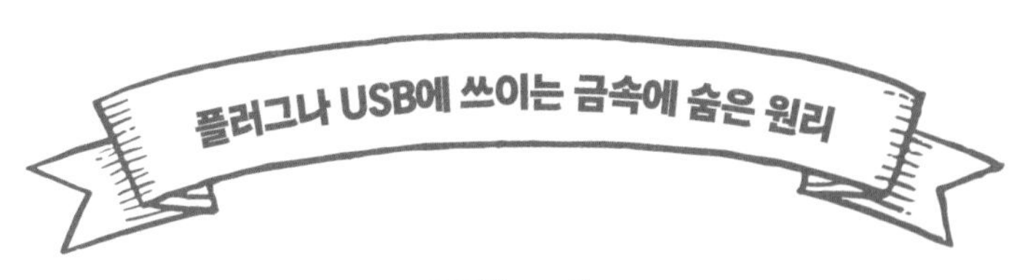

단자

#전기 #탄성

우리는 전기가 없으면 살아갈 수 없습니다. 텔레비전, 냉장고, 청소기, 컴퓨터, 스마트폰도 전기가 흐르지 않으면 그저 장식품에 불과합니다. 생각해 보면 우리는 매일 플러그나 충전 케이블을 콘센트에 꽂습니다. 플러그를 콘센트 구멍에 꽂는 순간 전기가 흐르고 가전이나 전자 기기가 작동하는 것은 신기한 일입니다. 왜 꽂으면 전기가 흐르는 것일까요? 그 전에 전기란 대체 무엇일까요? 인류가 전기의 정체를 밝혀내고 이용하기까지의 역사를 살펴보겠습니다.

탈레스가 발견한 정전기

전기와 관련된 가장 오래된 기록은 고대 그리스의 철학자 탈레스Thales까지 거슬러 올라갑니다. 탈레스는 호박이라는 보석을 털가죽으로 문지르면 먼지와 같이 주변에 있는 것이 달라붙는다는 사실을 발견했습니다. 호박은 그리스어로 일렉트론electron, 전기는 영어로 일렉트리서티electricity이기 때문에 호박이 전기의 어원이라는 사실을 알 수 있습니다. 탈레스의 기록은 요즘 우리가 정전기라고 부르는 것과 관련이 있습니다. 고대에 전기란 곧 '호박과 같은 상태를 만드는 것', 즉 정전기를

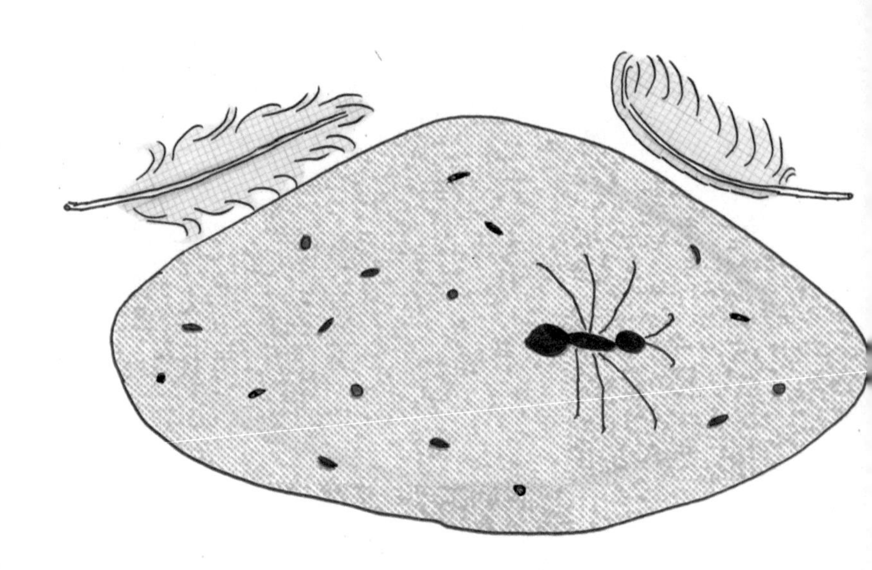

이르는 말이었습니다. 당시 사람들은 왜 물체에서 정전기가 발생하는지는 잘 알지 못했습니다. 탈레스는 벌레 등이 들어간 상태로 굳어진 호박을 보고 호박에는 생명이 깃들어 있어서 주변에 있는 것들을 끌어당긴다고 생각했습니다.

: 전기는 어느 방향으로 흐를까? :

시간이 지나 18세기가 되자 프랑스의 화학자 샤를 프랑수아 드 시스테르네 뒤페Charles François de Cisternay Du Fay는 전기현상을 만들어 내는 근원인 전기의 전하에 두 가지 종류가 있다는 사실을 발견했습니다. 뒤페는 서로 다른 종류의 전하끼리는 끌어당기고 같은 종류의 전하끼리는 밀어낸다고 생각했습니다. 그 후 미국 건국의 아버지라고 불리는 정치가이자 물리학자 벤저민 프랭클린Benjamin Franklin에 의해 그 두 종류의 전하는 양전하와 음전하라고 불리게 되었습니다.

정전기는 번개와 같이 순식간에 사라집니다. 하지만 1800년에 이탈리아의 물리학자 알레산드로 볼타Alessandro Volta가 전지를 발명함으로써 계속 일정한 양의 전하가 흐르는 '전류'를 확보할 수 있게 되었습니다. 전지가 발명되자 당시 과학자들은 마치 새로운 장난감을 손에 넣은 것처럼 서로 앞다투어 전류 연구에 빠져들기 시작했습니다.

이때 전류가 흐르는 방향을 결정해야 했기 때문에, 어디까지나 잠정적으로 '전류는 양전하의 흐름을 말하는 것이며 양극에서 음극으로 흐른다'라고 가정하기로 모두 합의했습니다.

전류의 정체가 드디어 밝혀지다!

19세기가 되자 전류에 관한 새로운 사실이 잇따라 발견되었습니다. 독일의 물리학자 게오르크 시몬 옴Georg Simon Ohm은 전류와 전압을 비교하는 '옴의 법칙'을 발견했습니다. 이어서 영국의 물리학자 마이클 패러데이Michael Faraday가 모터와 발전기의 바탕이 되는 법칙을 발견했습니다. 그리고 영국의 이론 물리학자 제임스 클러크 맥스웰James Clerk Maxwell이 전자파(전파)의 개념을 발표했습니다. 이렇게 전류에 관한 이론은 불과 100년도 안 되는 세월 동안에 대부분 완성되었습니다.

그중에서도 1897년에 영국의 물리학자 조셉 존 톰슨Joseph

John Thomson은 전류가 음전하를 가진 입자의 흐름이라는 사실을 밝혀냈습니다. 발견된 입자에는 나중에 '전자'라는 이름이 붙여졌습니다. 전자는 음전하를 띠고 있기 때문에 당연히 양극으로 흐릅니다. 모두가 함께 '전류는 양극에서 음극으로 흐른다'라고 가정했는데, 실제로는 이와 반대 방향이었던 것입니다.

당시 사람들이 어떻게 생각했는지 지금 우리가 알 수는 없지만, 이론상으로나 기술적으로나 전류가 양극에서 음극으로 흐른다고 생각해도 아무런 문제가 생기지 않았기 때문에 크게 개의치 않았던 것 같습니다.

오늘날에는 화학자든 기술자든 전류에 대해 생각할 때는 양극에서 음극으로, 전자에 대해 생각할 때는 음극에서 양극으로 흐른다고 그때그때 상황에 맞게 대처하고 있습니다. 대체 전하가 어느 방향으로 흐르는지 혼란스러워하는 것은 대학 입시를 앞둔 모범적인 고등학생뿐입니다.

: 플러그에 금속을 사용하는 이유 :

그런데 왜 플러그 등의 접촉 부분에는 금속이 사용되는 것일까요? 그 이유는 흑연을 제외하면 고체 중에는 금속에만 전류가 흐르기 때문입니다. 이것은 원자나 분자의 결합과 관련이 있습니다.

전자의 발견으로 원자는 중심에 양전하를 가진 '양성자'와 전하를 띠지 않는 '중성자'로 구성된 '원자핵'이 있고 그 주변을 전자가 돌고 있는 구조라는 사실이 밝혀졌습니다. 그리고 두 물질이 닿으면 한쪽 물질의 표면에 있는 전자가 다른 쪽으로 옮겨 가 전자가 한쪽으로 치우치기 때문에 정전기가 발생한다는 사실도 밝혀졌습니다. 원래 원자 안에 있는 전자와 양성자는 부호는 반대여도 같은 양의 전하를 가지고 있어서 전기적으로 중성인 상태입니다. 그러다 두 물질이 서로 닿으면 그중에 전자가 많아진 물질은 음전하를 띠고, 전자가 부족해진 물질은 양전하를 띠게 되는 것입니다. 이렇게 해서 뒤페가 발견한 두 종류의 전기 원리를 설명할 수 있게 되었습니다.

앞서 고체 중에서는 흑연을 제외하면 금속에만 전류가 흐른다고 말했지만 정확히 말하면 모든 물체는 원자로 되어 있고 원자핵 주변을 전자가 돌고 있기 때문에 잘 흐르는지 잘 흐르지 않는지의 차이만 있을 뿐 모두 전기가 흐릅니다. 그렇다면 왜 고체 중에서 금속만 전기가 잘 흐를까요?

원자에는 금속 원자와 비금속 원자가 있습니다. 금속은 금속 원자, 우리의 몸은 비금속 원자로 되어 있습니다. 비금속 원자는 두 개의 원자끼리 전자를 함께 가지는 '공유 결합'으로 형태를 유지합니다. 반면 금속은 금속 원자가 규칙적으로 배열된 '금속 결합'으로 형태를 유지합니다.

금속 원자만으로 어떻게 결합할 수 있는지 의아해하는 사람이 있을 수도 있습니다. 금속 원자의 경우, 원자핵 주변을 도는 전자 중에 가끔 유유히 어딘가로 가 버리는 전자가 원자 하나당 한두 개씩 있는데, 그 전자를 자유 전자^free electron^라고 부릅

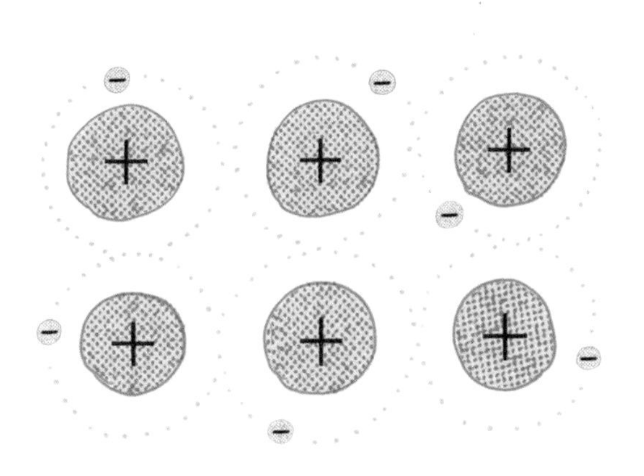

금속 원자는 양전기를 띠는 금속 원자와 음전자를 띠는 자유 전자 사이에 인력이 작용해 결합한다.

니다. 너무나 적절한 이름이지 않나요? 이 자유 전자가 어딘가로 가 버리면 금속 원자는 양전기를 띠게 됩니다. 그러한 금속 원자와 원래 음전하를 띠는 자유 전자 사이에 인력이 작용해 금속이 결합하는 것입니다.

금속으로 이루어진 도선을 전지 등의 전원에 연결하면 금속 안에 있는 자유 전자가 자유롭게 돌아다닐 수 없게 되고 전원의 양극으로 끌려가게 됩니다. 이 자유 전자의 흐름이 전류입니다. 전원인 콘센트에 플러그를 연결하면 그 순간 전자는 플러그의 양극을 향해 움직이기 시작합니다. 이렇게 텔레비전과 컴퓨터가 작동합니다.

: 금속의 탄성은 자유 전자 덕분이다? :

이 외에도 단자의 접촉 부분에 금속이 사용되는 이유가 있습니다. 단자를 삽입한 후에도 쉽게 빠지지 않는 이유는 금속의 탄성 때문입니다. 예를 들면 USB 단자는 얇은 금속으로 되어 있어서 손가락으로 누르면 살짝 들어가고 손을 떼면 원래 상태로 돌아갑니다(하지만 삽입부는 매우 정교하게 구성되어 있어서 누르면 망가질 수 있으니 실제로 해 보지는 마시기 바랍니다). 이 때문에 끼워 넣을 때 살짝 단자가 변형되는데, 기기 안에서는 원래 형태로 돌아가려고 하는 탄성력이 작용해 기기와 단자가 확실하게 접촉합니다.

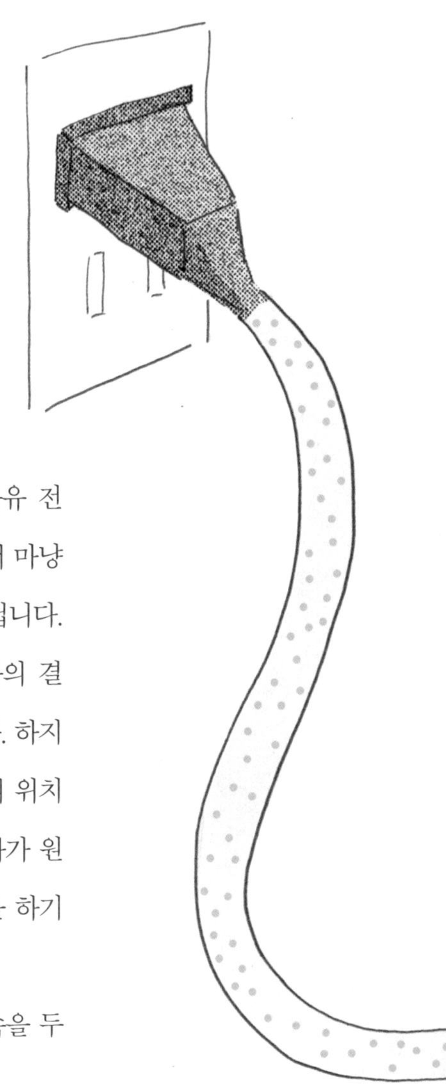

사실 금속이 이러한 탄성을 가지는 이유는 앞서 말했던 자유 전자 덕분입니다. 자유 전자라고 해서 마냥 유유히 떠다니기만 하는 것은 아닙니다. 유리 등은 강한 힘을 가하면 원자의 결합이 끊어져 금이 가거나 깨집니다. 하지만 금속의 경우는 변형되어 원자의 위치가 어긋나더라도 주변의 자유 전자가 원자를 원래 위치로 끌어오는 역할을 하기 때문에 결합이 유지됩니다.

자유 전자의 작용으로 인해 금속을 두

드려 얇게 펴거나(전성), 당겨서 길게 늘이기(연성) 쉽기 때문에 다양한 형태로 가공할 수 있습니다.

그 궁극적인 형태가 금박입니다. 금박의 두께는 1만 분의 1㎜입니다. 1만 개를 겹쳐도 1㎜에 불과하다니 엄청나게 얇은 두께입니다. 그리고 금 원자의 크기는 지름이 288피코미터pm입니다.✦ 자유 전자는 그것보다 더 작은 입자라고 생각하면 더 까마득해집니다.

가전이나 전자 기기에 문제가 발생했을 때는 자유 전자가 토라진 상태라고 생각하면 됩니다. 그럴 때는 자유 전자의 비위를 맞추기 위해 혹시 녹이 슬지는 않았는지, 먼지가 쌓이지는 않았는지 확인해 봐야 합니다. 녹도 먼지도 금속은 아니라서 자유 전자의 흐름을 방해하기 때문입니다.

✦ 1피코미터는 10억분의 1mm이다.

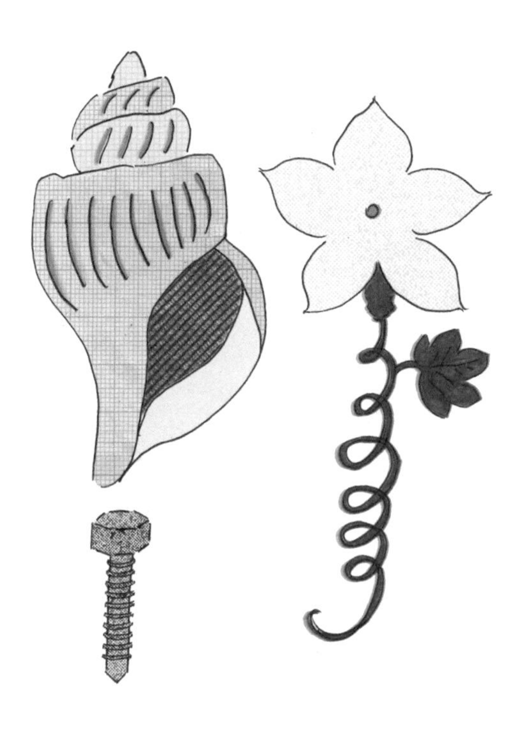

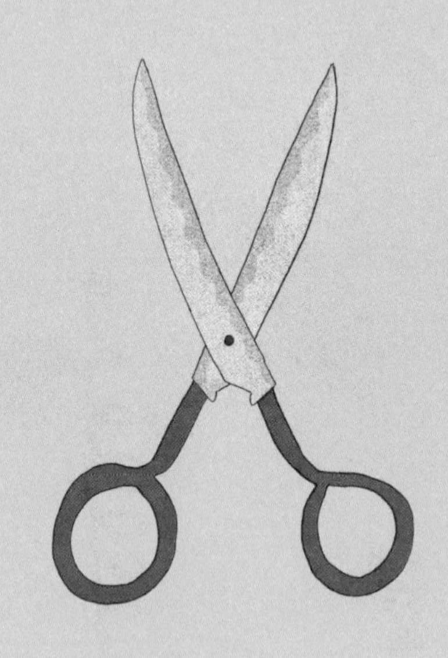

3장

분리하는 도구

토마토를 식칼을 이용해 가로로 자르면 씨앗이 방사형으로 펼쳐져 있는 아름다운 단면이 나타납니다. 찢거나 부수거나 뭉개면 이 장면은 볼 수 없습니다. 이렇게 자르는 것은 도구를 사용한 인위적인 작업인데, 그런 과정에서도 자연의 아름다움을 발견할 수 있습니다.

이 장에서는 분리하는 도구를 포함해 물체와 물체 사이의 연결고리를 끊어 내고 자르는 다양한 방법을 살펴보겠습니다.

식칼

#분자 #점성

분리한다는 말에는 무언가를 '자른다'는 의미가 포함되어 있기도 합니다. 가령 우리는 '채소를 자르다', '관계를 끊다', '말을 끊다'라는 의미의 말을 할 때도 '자르다'라는 표현을 씁니다.

물리적으로도 비유적인 표현으로도 다양한 것이 잘립니다. '인내의 끈이 끊어지다'라는 말도 있습니다. 인내의 끈은 실제로 눈에 보이지는 않지만 그 끈이 너무

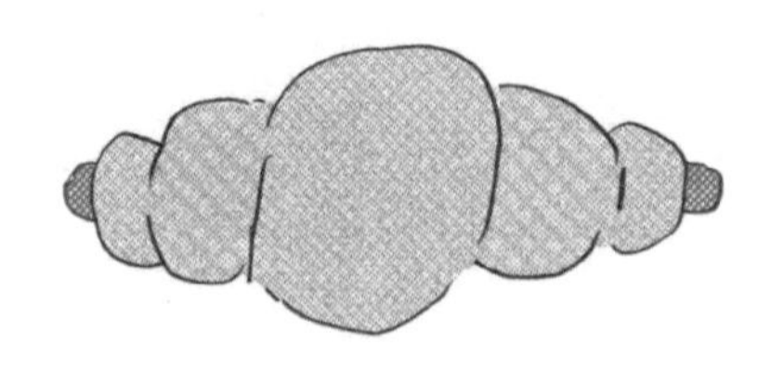

팽팽해져서 버티지 못하고 끊어진다는 의미이기 때문에 물리적으로 끊기는 상황이라고 판단해도 될 듯합니다. 그렇다면 물리적으로 물체를 자르는 행위는 어떻게 설명할 수 있을까요?

: 물체를 구성하는 원자와 분자 :

물체는 원자로 구성되어 있습니다. 여기서 말하는 물체는 돌, 나무, 물, 꽃, 공기, 인형, 시계, 와인, 와인 잔 등의 고체, 액체, 기체를 포함한 모든 물질을 말합니다. 원자는 물체의 근원을 이루는 입자를 말하는 것으로 수소나 산소, 탄소, 철, 금 등 100여 종류(2023년 기준 118종류)가 존재합니다. 100여 종류라고 하면 많다고 느낄지도 모르지만 우리 주변에

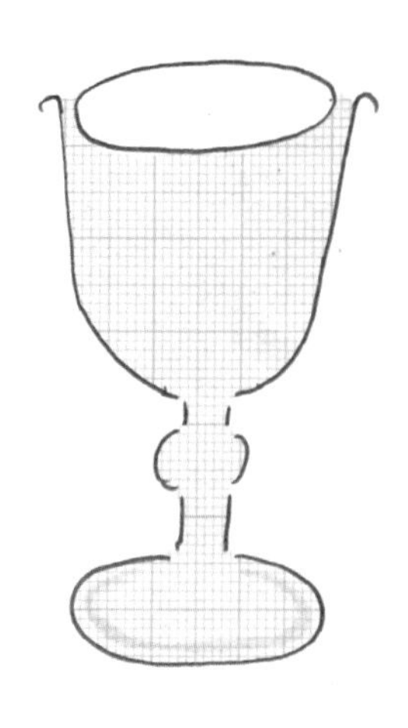

있는 물건의 종류에 비하면 그 수가 턱없이 적은 편입니다. 그 이유는 같은 종류의 원자라고 하더라도 결합 방법, 고정하는 방법이 달라지면 완전히 다른 물질이 되기 때문입니다.

예를 들어 금속은 '금속 결합'(133쪽 참고)으로 연결됩니다. 또 그 원자는 규칙적으로 나열되어 있습니다. 금의 원자만으로 이루어져 있으면 순금, 은의 원자만으로 이루어져 있으면 순은이라고 부릅니다. 금의 원자 결합에 은과 동의 원자가 조금이라도 섞여 있으면 18K나 10K가 되고 순금과는 성질이 다른 합금이 됩니다.

여러 종류의 원자가 결합한 분자는 더 다양합니다. 우리 주변의 많은 물질은 분자가 모여서 이루어져 있습니다. 예를 들어 물은 수소 원자 2개와 산소 원자 1개가 결합한 물 분자의 집합체입니다.

그렇다면 수소 원자와 산소 원자에 탄소 원자가 더해지면 어떤 분자가 될까요? 수소 원자 22개와 산소 원자 11개에 탄소 원자가 12개 결합하면 자당이 되고, 수소 원자 4개와 산소 원자 2개에 탄소 원자가 2개 결합하면 신맛이 나는 초산이 됩니다. 둘 다 수소와 산소, 탄소로 이루어져 있지만 개수나 결합 방식에 따라 다른 물질이 됩니다. 이렇게 물질의 종류는 무한

대에 가깝도록 많습니다.

: 물체를 '자른다'라는 말의 과학적 의미 :

빵이나 식물 등의 유기물은 주로 수소, 산소, 탄소로 이루어진 분자의 집합체입니다. 금속과 같이 분자가 규칙적으로 배열되어 있지 않고 유연하게 섞인 상태로 결합해 있습니다. 경우에 따라서는 분자끼리 직접 연결되어 있지 않고 얽혀서 움직이지 못하는 상태로 굳어져 있기도 합니다. 수분을 포함한 물

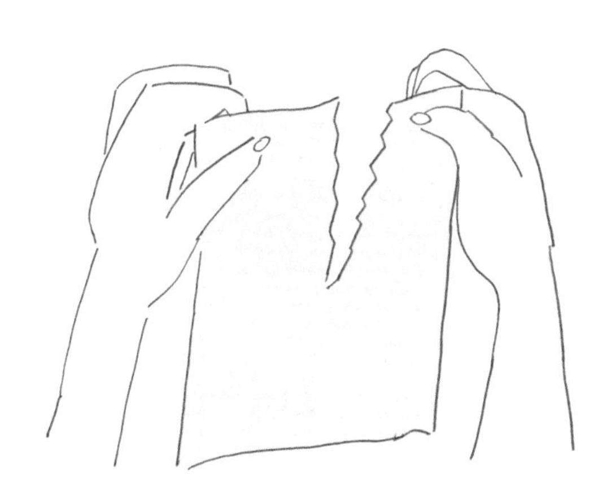

종이를 구성하는 분자의 약한 결합을 끊는다.

체라면 물 분자가 결합의 매개체 역할을 하기도 합니다.

원자나 분자의 결합이 약하면 외부에서 강한 힘이 가해졌을 때 결합이 쉽게 끊어지기도 합니다. 음식을 자르는 행위도 분자 집합의 연결 부분을 끊어 내는 행위입니다. 우리가 빵을 손으로 뜯거나 종이를 찢으면 분자끼리의 약한 결합이 망가지고 분리됩니다.

호두나 사탕과 같이 손가락으로 으깨기 힘든 딱딱한 물체도 도구를 이용해 부수거나 치아로 깨는 등 분자의 결합을 끊을 수 있을 만큼의 강한 힘을 주면 버티지 못하고 망가집니다. 호두나 사탕은 한 점에 힘을 가해서 부수는 경우가 많은데, 압력이 모이는 점을 이어 선으로 나타낸 것이 칼입니다. 당연히 칼은 자르는 대상보다 쉽게 망가지면 안 되기 때문에 원자의 결합이 강한 금속으로 만듭니다. 단단한 금속을 날카롭게 연마한 식칼은 효율적으로 음식을 자를 수 있는 도구입니다.

: 어떤 칼이 더 잘 드는 칼일까? :

식칼의 종류로는 칼날이 매끈한 것과 톱니가 있는 울퉁불퉁한 것이 있습니다. 이 중에 어느 칼이 더 잘 드는 칼일까요? 막연히 매끈한 것이 잘 잘릴 것 같은 느낌이 들기는 합니다. 하지만 잘 따져 보면 칼날에 적당히 톱니가 있는 편이 더 잘 잘립니다.✦

식칼로 토마토를 자를 때를 떠올려 보세요. 단단한 금속으로 만들어진 칼로 손가락으로 뭉갤 수 있을 정도로 부드러운 토마토를 자르는 것은 그다지 어렵지 않게 느껴집니다. 하지만 실제로 칼을 대 보면 토마토의 표면이 매끄러워서 칼날이 쉽게 미끄러지기 때문에 자르기 힘듭니다. 표면이 까끌까끌한 오이는 쉽게 잘 잘리는데 토마토는 생각만큼 잘 잘리지 않다 보니 답답하게 느껴지기도 합니다. 칼날의 압력을 그대로 물체에 전달해 효율적으로 자르기 위해서는 칼날이 미끄러지지 않도록 해야 합니다. 그렇다고 토마토의 표면을 까끌까끌하게 바꿀 수는 없으니 이런 상황에 칼날이 까끌까끌한 칼을 쓰면 잘 자를 수 있습니다.

식칼 등의 칼날은 마모로 인해 끝이 뭉뚝해지면 잘 잘리지 않습니다. 칼을 가는 행위는 뭉뚝해진 칼날을 날카롭게 하고 칼끝의 미세한 까끌까끌함을 부활시키는 작업이기도 합니다. 칼날의 까끌까끌함은 현미경으로 보면 겨우 확인할 수 있을

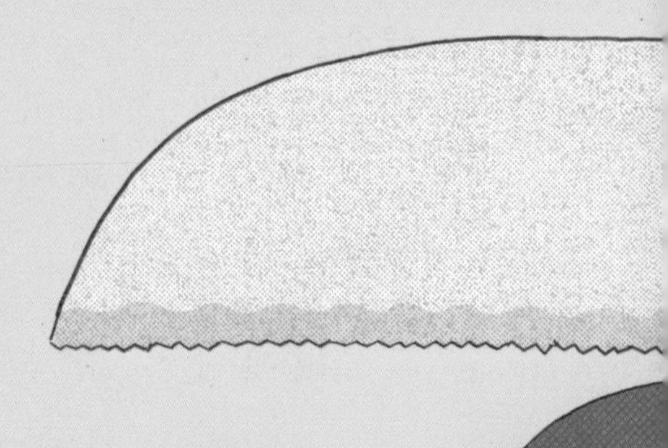

정도로 미세합니다. 연마 작업이 단순히 울퉁불퉁한 부분을 갈아내서 매끄럽게 하는 작업만은 아니라는 사실이 흥미롭게 느껴집니다.

: 다양한 칼날 모양에 숨겨진 물리학 :

주방에서 가장 활약하는 칼은 산토쿠 칼(가장 일반적으로 사용

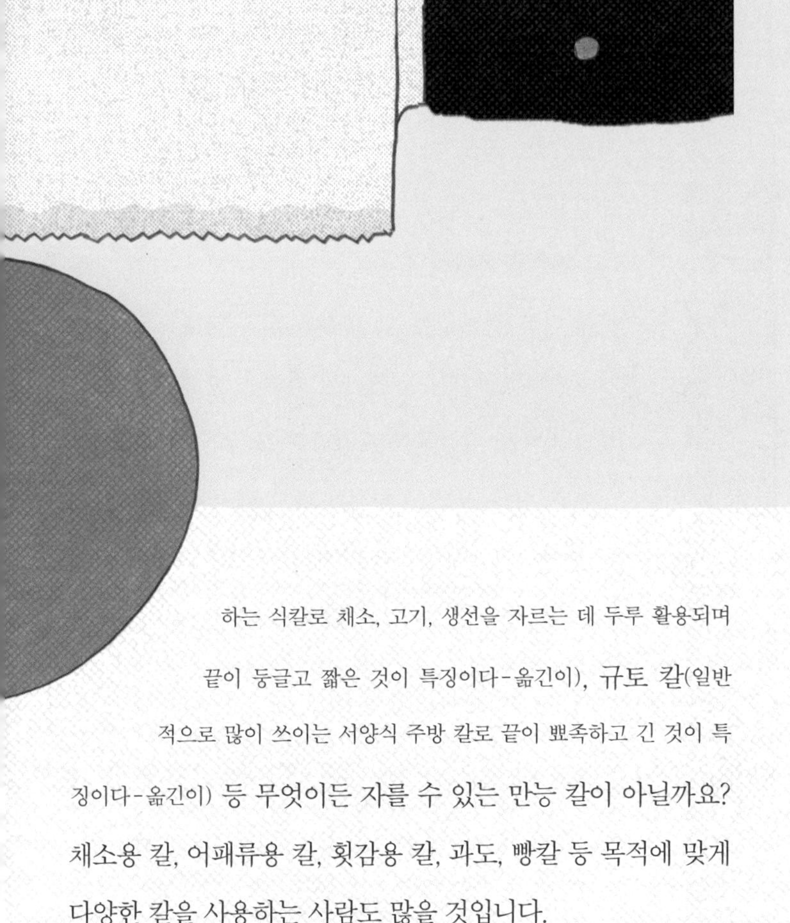

하는 식칼로 채소, 고기, 생선을 자르는 데 두루 활용되며 끝이 둥글고 짧은 것이 특징이다-옮긴이), 규토 칼(일반적으로 많이 쓰이는 서양식 주방 칼로 끝이 뾰족하고 긴 것이 특징이다-옮긴이) 등 무엇이든 자를 수 있는 만능 칼이 아닐까요? 채소용 칼, 어패류용 칼, 횟감용 칼, 과도, 빵칼 등 목적에 맞게 다양한 칼을 사용하는 사람도 많을 것입니다.

그중에도 특이한 것이 빵칼의 모양입니다. 일반적인 칼과 비교하면 두껍고 칼날이 물결무늬 모양을 하고 있습니다. 그 이유는 무엇일까요?

빵을 자른 후의 칼을 보면 칼날 면이 끈적거리는 느낌이 있습니다. 회나 케이크 등의 지방이 많은 음식을 자른 후도 마찬가지입니다. 칼은 점성이 있는 물질과 닿으면 움직임이 둔해지고 잘 잘리지 않습니다. 그래서 회칼이나 빵칼은 자른 후에 끈적이는 부분이 다음 칼질을 할 때 음식과 닿지 않도록 얇고 길게 되어 있습니다. 잘 연마된 회칼은 한 방향으로 당기기만 해도 깔끔하게 횟감을 자를 수 있습니다.

한편 빵은 표면은 노릇하게 구워져서 딱딱한 데 반해 안쪽은 발효할 때 발생한 기포가 그대로 굳어진 구조이기 때문에 회보다 더 부드럽습니다. 또한 밀가루에 포함된 단백질인 글루텐은 끈적거림이 있어서 긴 칼날을 회칼처럼 한 방향으로 당기게 되면 끈적끈적한 글루텐이 칼에 달라붙게 되어 단면이 깔끔하지 않게 잘립니다.

칼날을 길게 하는 것만으로는 충분치 않다면 어떻게 해야 할까요? 이 문제를 해결하기 위해 고안된 것이 바로 우리가 아는 물결 모양의 빵칼입니다. 이런 모양의 칼날은 빵의 딱딱한 표면도 쉽게 자를 수 있습니다. 또 빵칼을 잘 보면 칼날의 물결 부분은 얇고 칼 배 부분은 두껍습니다. 칼날 안쪽과 바깥쪽의 두께에 차이를 두어 들러붙기 쉬운 빵의 하얗고 부드러운 부분에서 점성의 영향을 최소화하고 자른 단면이 변형되지 않도록 합니다. 한 방향으로 당기는 회칼과 달리 빵칼은 칼날을 앞뒤로 움직이면서 조금씩 자릅니다.

이때 떠오르는 도구가 있지 않나요? 바로 톱입니다. 얇은 금속판에 작은 산 모양의 뾰족한 칼날을 연결한 톱도 긴 칼날을 앞뒤로 움직여서 자르는 도구입니다. 빵칼은 부드러운 빵을 자르고 톱은 딱딱한 목재를 자르기 때문에 목적은 서로 다르지만 둘 다 자르기 힘든 것을 자르기 위해 고안된 도구라는 점에서는 비슷합니다.

✦ 마찰은 칼날이 잘 들어가게 하는 데 중요한 역할을 하지만 칼이 들어간 후에는 바로 방해물로 변합니다. 마찰이 있으면 칼날이 잘 움직이지 않기 때문입니다. 칼을 아무리 날렵하게 가공해도 마찰의 영향을 없앨 수는 없습니다.

그런데 의외로 식재료에 포함된 수분이 음식을 자르는 데 도움이 됩니다. 물은 흥미로운 존재입니다. 목욕할 때 가지고 노는 장난감은 물에 젖으면 벽면에 붙지만 비가 오는 날 젖은 계단 위를 걸을 때는 신발이 미끄러지기도 합니다. 왜 이렇게 상반된 현상이 일어나는 것일까요?

물 분자는 큰 산소 원자 하나에 작은 수소 원자 2개가 붙어서 테디베어의 얼굴과 같은 모양을 하고 있습니다. 물이 접착제와 같은 역할을 하는 것은 수소가 두 개 튀어나와 있는 구조이기 때문입니다. 수소는 다른 입자와 결합하기 쉬운 성질이 있기 때문에 튀어나온 부분이 다른 것과 붙거나 물 분자끼리 붙어서 표면 장력(51쪽 참고)이 커집니다.

반면에 물이 결합하면 물체 표면에 물로 된 막이 생깁니다. 물의 막이 생긴 물체와 물체 사이에 수분층이 형성되고 그 수분층이 흐르는 것이 '미끄러지는' 현상입니다. 채소를 자를 때 칼을 씻는 이유도 칼에 묻은 수분과 채소에 있는 수분이 칼날이 잘 미끄러지도록 도와주기 때문입니다. 칼날이 넓고 평평한 채소용 칼은 수분 막이 쉽게 형성되기 때문에 무를 돌려 깎을 때 특히 도움이 됩니다.

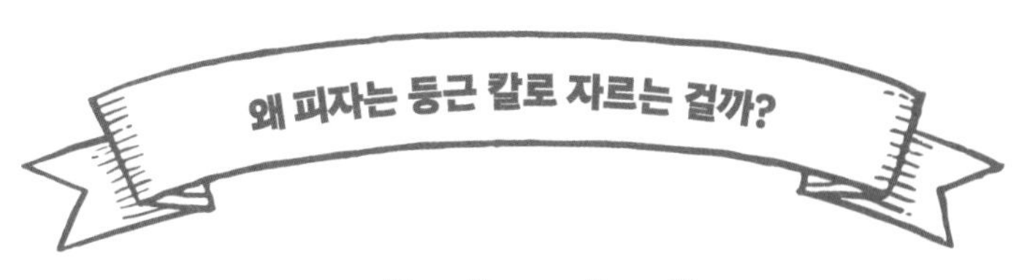

피자 커터

#점성 #원 #압력

꽤 오래전, 이탈리아에서 살았던 적이 있습니다. 그때는 일본에도 자주 왔다 갔다 하다 보니 경제적으로 풍족하지는 않아서 저렴하고 맛있는 피자 전문점을 자주 이용했습니다. 그때 눈에 들어온 것이 메찰루나(이탈리아어로 반달이라는 의미)라고 부르는 피자 커터였습니다. 숙련된 피자 장인은 언제나 메찰루나를 이용해 경쾌한 소리와 함께 놀라운 속도로 피자를 2등분, 4등분, 6등분으로 잘라 주곤 했습니다.

아마 여러분에게는 메찰루나보다 둥근 칼을 굴려서 자르는 피자 커터가 더 익숙할 테지만, 어쨌거나 둘 다 직선이 아닌 칼날이 사용된다는 것이 특징입니다. 왜 식칼과 같은 곧은 칼날의 피자 커터는 없는 것일까요?

피자에 닿는 면적을 최소화하는 원호 모양의 칼

장인이 메찰루나로 김이 모락모락 나는 거대한 피자를 순식간에 자르는 모습은 아주 시원시원합니다. 점성이 있는 치즈가 칼날에 거의 달라붙지 않기 때문입니다. 열을 가하면 녹아서 실처럼 늘어나는

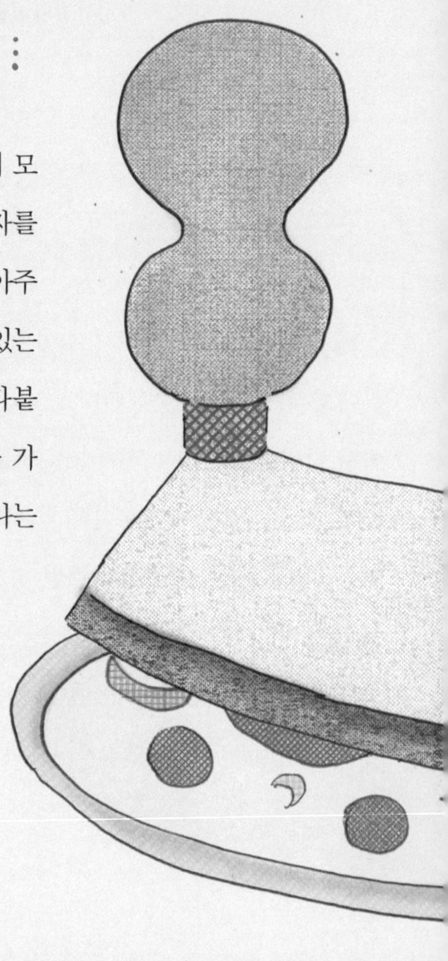

치즈는 빵의 글루텐보다 더 성가신 존재입니다. 치즈의 점성은 카세인(우유 등에 포함된 단백질)이라고 불리는 물질이 원인으로, 접촉 면적이 넓은 식칼은 순식간에 영향을 받아 칼날 부분이 치즈의 유분으로 뒤덮이기 때문에 칼이 잘 들지 않습니다. 이를 피하려면 칼이 치즈에 닿는 시간과 면적을 줄여야 합니다.

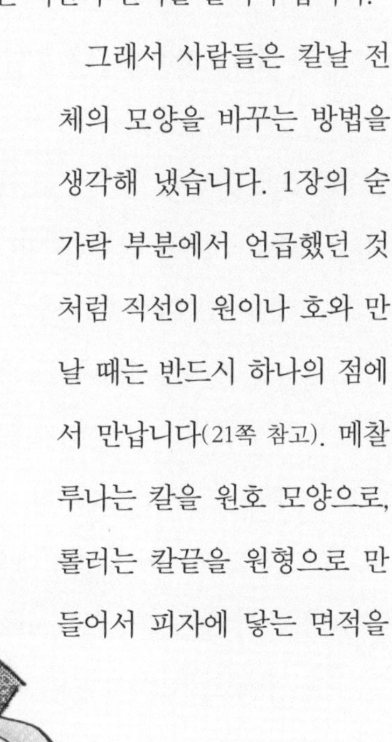

그래서 사람들은 칼날 전체의 모양을 바꾸는 방법을 생각해 냈습니다. 1장의 숟가락 부분에서 언급했던 것처럼 직선이 원이나 호와 만날 때는 반드시 하나의 점에서 만납니다(21쪽 참고). 메찰루나는 칼을 원호 모양으로, 롤러는 칼끝을 원형으로 만들어서 피자에 닿는 면적을

최소화합니다. 선이 아닌 점으로 압력을 가하면서 피자를 재빠르게 자르기 때문에 치즈가 칼날에 달라붙을 시간을 주지 않는 것입니다.

: 큰 피자를 한번에 자를 수 있는 효율적인 모양을 찾다 :

원호 모양 칼날의 장점은 그 외에도 있습니다. 이번에는 피자의 표면을 한 번에 자를 수 있다는 점에 주목해 보겠습니다. 당연한 말이지만 피자 한 판을 자르려면 피자의 끝에서 끝까지 칼날이 통과해야 합니다. 큰 피자는 지름이 40cm 이상인 경우도 있기 때문에 일반적인 칼로는 한 번에 자르기 힘듭니다. 어쩔 수 없이 피자 끝부분부터 칼날을 조금씩 밀면서 잘라야 하는데 그러면 피자의 점성과 계속해서 싸워야 합니다. 그렇다고 해서 한 번에 자르기 위해 40cm가 넘는 길이의 칼을 사용하는 것은 위험하기도 하고 불편합니다.

이때는 원호 모양의 칼날이 효과적입니다. 그림과 같이 A점과 B점을 연결할 때, 직선이 아닌 호로 연결하면 거리가 길어집니다.

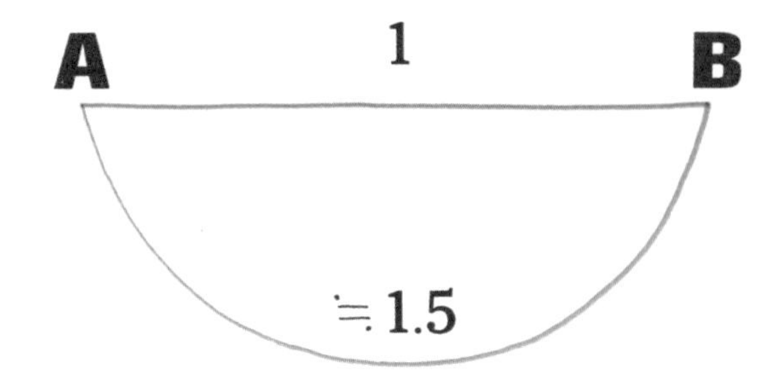

원의 둘레를 구하는 식은 다음과 같습니다.

지름×π(3.14…)

즉, 원의 둘레는 지름의 약 3배이기 때문에 반원 둘레 정도 길이의 칼날이라면 지름의 약 1.5배의 길이를 확보할 수 있다는 계산이 됩니다. 예를 들자면 40㎝의 피자를 한 번에 자르려면 지름 약 26㎝의 메찰루나면 된다는 뜻입니다. 큰 메찰루나라면 오른쪽에서 왼쪽으로 살짝 기울이기만 해도 순식간에 거대한 피자를 자를 수 있습니다.

원호 모양의 커터는 세계 각국의 요리 현장에서 많이 사용되고 있습니다. 특히 향신료나 견과류 등을 잘게 자를 때 사용합니다. 입자가 작으면 흩어지기 쉬운데, 원호 모양의 칼은 칼날의 방향을 조금씩 바꾸면서 넓은 범위를 자를 수 있습니다. 또 접촉 면적이 작은 만큼 가해지는 압력이 크기 때문에 딱딱한 견과류를 큰 힘을 들이지 않고 자를 수 있습니다.

: 끝없이 이어지는 둥근 칼날 :

그렇다면 원형의 칼날은 어떨까요? 둥근 칼을 굴리며 자르게 되어 있는 피자 커터는 우리에게 익숙하지만 메찰루나와 비교하면 지름이 짧고 크기가 작습니다. 이 피자 커터는 어떻게 피자를 자를 만큼의 칼날 길이를 확보하는 것일까요? 그 비밀은 원의 성질에 있습니다.

원이라는 도형은 시작점과 끝점이 따로 없습니다. 호수 주변을 산책할 때 출발점과 도착점을 미리 정해 두지 않으면 그 길은 끝나지 않고 영원히 이어집니다. 금방 한 바퀴를 돌고 같은 길을 지나고 있는데도 눈치채지 못하는 경우도 종종 있죠. 고대 그리스의 철학자 아리스토텔레스는 매일 변함 없이 하늘에 떠 있는 별을 보고 저서《천체론》에서 이렇게 말했습니다.

원운동은 가장 완전한 운동이다. 그것은 항상 한결같고 멈추지 않으며 자체적으로 완성되는 영원한 운동이다.

원형의 물건을 지면을 따라 굴리면 끝없이 굴러갑니다. 이 성질을 이용한 것이 바퀴(262쪽 참고)입니다. 바퀴가 등장하면서 고대 문명의 수준은 한층 더 높아졌습니다. 원형의 물체를 굴리면 원의 둘레 부분은 계속해서 굴러가는데 원의 둘레에서 동일한 거리에 있는 원의 중심은 같은 높이를 유지한 채 직선으로 나아갑니다. 즉, 원의 중심 가까이에 있으면 회전의 영향을 받지 않고 앞으로 나아갈 수 있습니다.

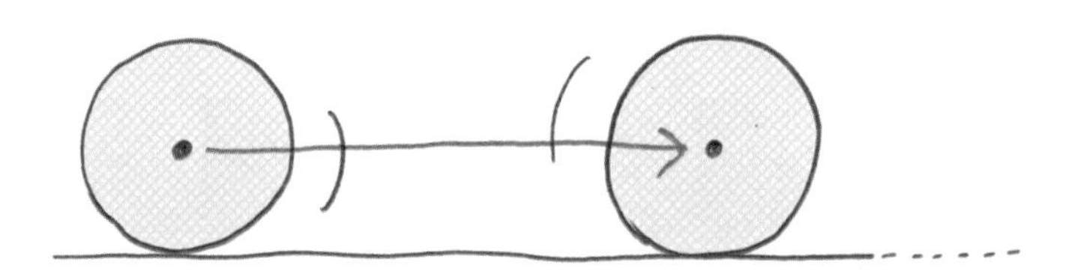

원의 둘레 부분은 회전하지만 원의 중심은 앞으로 평행 이동한다.

자동차나 전철은 포장된 도로나 레일 위가 아니면 잘 달릴 수

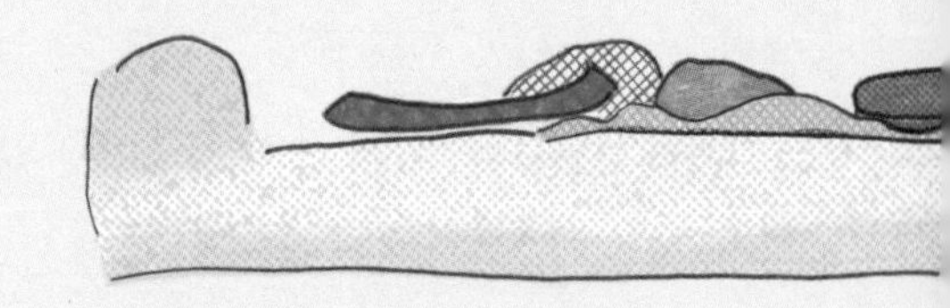

없습니다. 그래서 비포장도로를 달려야 하는 설상차나 탱크의 바퀴에는 한 번에 여러 개의 바퀴를 감싸는 벨트가 감겨 있습니다. 이 벨트가 있기 때문에 지면에 움푹 팬 부분이 있어도 빠지지 않고 계속해서 앞으로 나아갈 수 있습니다. 그래서 이 벨트를 무한궤도라고 부릅니다. 적절한 이름이라고 생각하지 않나요?

이와 비슷하게, 바퀴와 같은 회전체에 칼날을 설치하면 절단 대상이 아무리 크고 길어도 자를 수 있습니다. 이러한 원리를 활용한 것이 둥그런 칼날을 굴리면서 자르는 피자 커터입

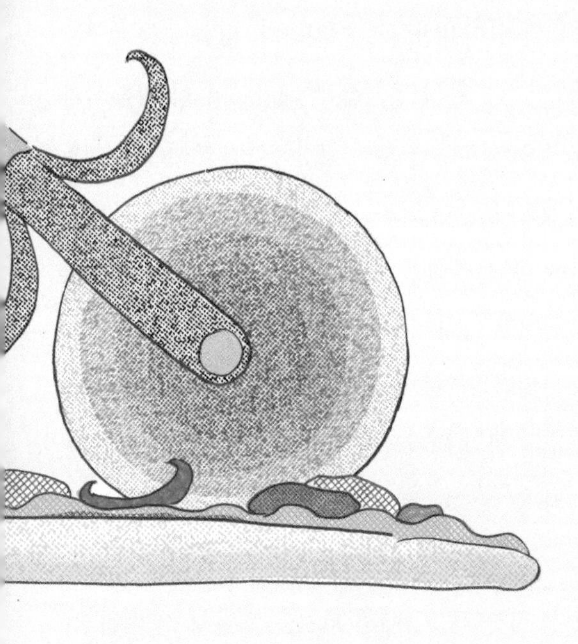

니다. 아무리 큰 피자라도 피자의 지름과 상관없이 단숨에 자를 수 있습니다. 설상차나 탱크의 벨트를 '무한궤도'라고 한다면 피자 커터는 '무한 칼날'이라고 할 수 있습니다.

: 원형 칼에는 언제나 같은 힘이 작용한다 :

원형 칼날에는 또 다른 특징이 있습니다. 굴리는 동안에 항상 같은 크기의 힘이 작용한다는 것입니다. 칼날의 중심에서 칼날 끝까지의 거리는 원의 반지름에 해당하며 항상 길이가 같습니다. 즉 손잡이를 누르는 힘이 일정하다면 피자에는 같은 크기의 힘이 가해집니다. 이 구조는 돌돌이 테이프라고 불리는 테이프 클리너나 잔디 관리 등에 쓰는 롤러에도 활용됩니다. 이러한 도구는 원반이 아니라 원기둥을 굴리는 방식입니다. 그 목적이 절단이 아니라 평면을 압박해서 평평하게 만들기 위한 것이기 때문입니다. 원의 특징을 이해하면 바퀴, 피자 커터, 땅을 정비하는 롤러 등 다양한 도구를 만들 수 있습니다.

이탈리아 생활을 떠올려 보면 피자를 먹는 방식도 우리와는 조금 달랐습니다. 피자 전문점에서 피자를 포장해 갈 때는 한 조각씩 잘라서 가져갈 수 있었지만, 자리에서 먹을 때는 공유하지 않고 일인용 둥근 피자를 각자 주문해서 나이프와 포크를 사용해 한입 크기로 잘라 먹는 것이 일반적이었습니다.

음식은 그 나라의 문화 그 자체이기 때문에, 피자 커터로 하나의 피자를 잘라서 나눠 먹는 방식은 이탈리아인에게 생소할지도 모릅니다. 하지만 물리의 관점으로 보면, 피자를 자르기 위해 원호의 특징을 잘 활용한 획기적인 도구를 사용한다는 점은 서로 비슷하다고 생각합니다.

가위

#지레의원리

게의 집게발에도 두 가지 종류가 있다는 사실을 아시나요? 하나는 조개껍데기를 깰 때 힘을 강하게 줄 수 있도록 '쉽게 탈구되지 않는 타입'이고, 다른 하나는 진흙을 퍼내다가 잘못해서 돌 사이에 끼어도 부러지지 않도록 '쉽게 탈구되는 타입'입니다. 게의 집게발에 나름의 원리가 담겨 있다는 사실이 신기하지 않나요?

게의 집게발처럼, 우리도 무언가를 자르는 동작을 표현할 때 검지와 중지로 V자를 만들고 그 두 손가락을 떨어뜨렸다가

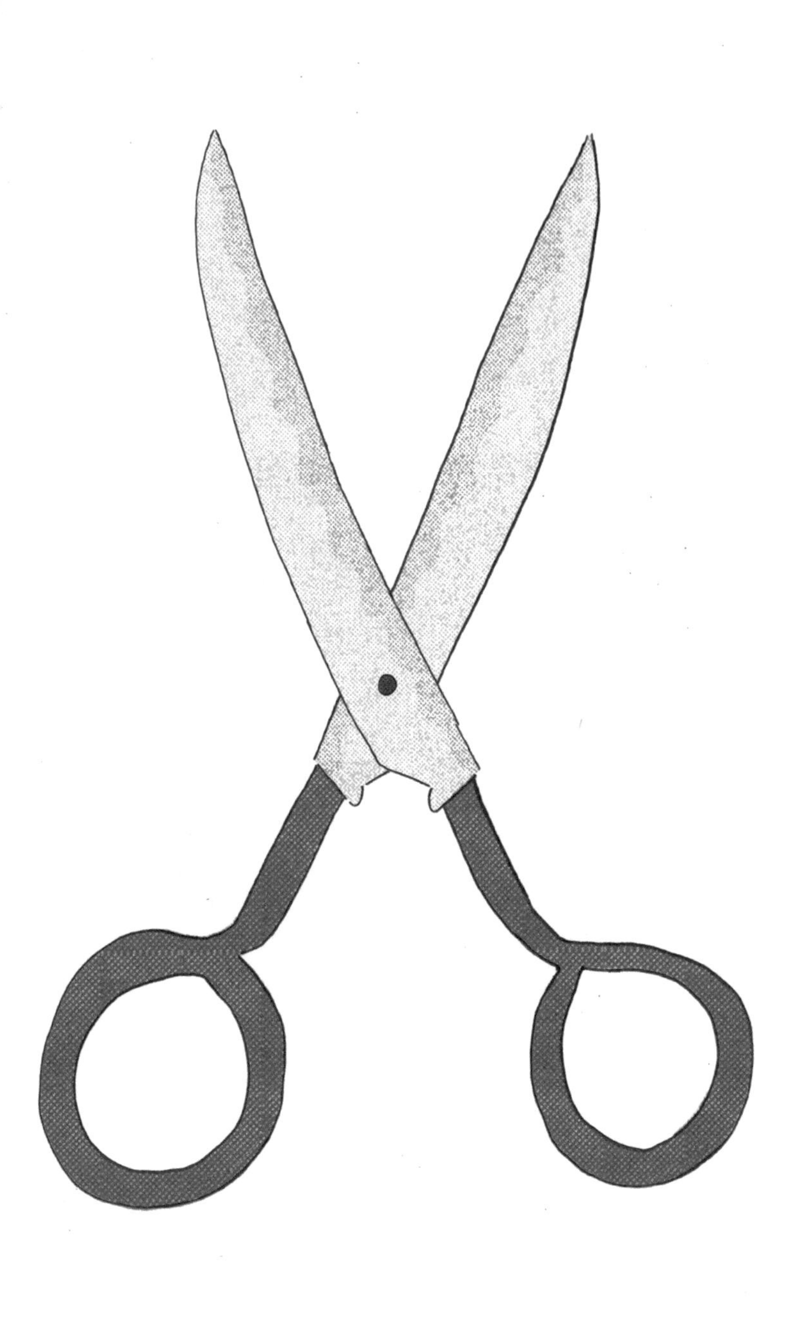

맞닿게 하는 동작을 반복합니다. 우리가 손으로 표현하는 가위는 두 개의 칼날을 받침점으로 고정하고 폈다가 오므리는 가위의 원리를 잘 표현한 것 같아 감탄이 절로 나옵니다. 그렇다면 실제 가위에는 어떤 물리의 법칙이 적용되었을까요?

: 일상생활 곳곳에 숨어 있는 지레의 원리 :

가위는 지레의 원리를 이용한 도구입니다. 앞선 장에서 스테이플러의 원리를 이야기할 때 언급했던 원리이기도 합니다. 지레의 원리를 설명하다 보면 힘점, 받침점, 작용점이라는 개념이 늘 따라오지만 실제로 지레의 원리가 적용된 도구를 보면 어디가 무슨 점에 해당하는지 바로 이해하기가 어렵습니다. 그럴 때는 도구에 힘을 가하는 지점, 물체에 힘이 가해지는 지점이 어딘지 생각해 보면 됩니다. 나이프는 손잡이를 잡고 그 손의 힘을 이용해 칼날 부분으로 빵을 썹니다. 연필은 축이 되는 부분을 잡고 손에 힘을 주어 연필심으로 글자를 씁니다.

이때 손가락처럼 도구에 힘을 주는 부분을 '힘점', 칼이나 펜 끝처럼 도구가 움직여서 본래의 역할을 하는 부분을 '작용점'

이라고 부릅니다. 물리 용어이지만 말의 의미를 잘 생각해 보면 쉽게 이해할 수 있습니다. 그렇다면 '받침점'은 물체의 어떤 부분일까요?

지레의 원리를 이용한 도구에는 반드시 움직이지 않는 부분이 있습니다. 그 부분이 바로 받침점이 되어 힘을 증폭시키거나 힘을 다른 방향으로 잘 전달해 줍니다. 움직이지 않는 점이기 때문에 부동점 또는 고정점이라고 부르는 것이 더 적절하다고 생각할 수 있지만, 그 부분이 전체 움직임을 받쳐 주기 때문에 받침점이라고 부릅니다. 우리가 맛있게 먹는 게의 집게발과 몸통을 연결하는 부분은 근육과 관절막으로 이루어져 있는데, 집게 끝이 잘 움직일 수 있도록 받쳐 주는 받침점 역할을 합니다.

: 쪽가위와 일반 가위의 차이점 :

집게발처럼 가위도 크게 두 종류로 구분할 수 있습니다. 바로 U자 모양의 쪽가위와 X자 모양의 일반 가위입니다. 가위에는 오랜 역사가 있는데 U자형 가위는 고대 그리스 시대에 양치기가 양털을 깎거나 모직물의 보풀을 정리하는 도구로 사용되었습니다. 반면 X자형 가위는 제정 로마 시대에 등장했고 딱딱한 금속 등을 자르는 데 사용되었습니다.

가위는 지레의 원리를 이용한 도구로 쪽가위와 일반 가위를 비교하면 힘점, 받침점, 작용점의 위치가 서로 다릅니다. 아래의 그림을 봐 주시기 바랍니다. 일반 가위는 '힘점-받침점-작용점'의 순서로 되어있지만 쪽가위는 '받침점-힘점-작용점'의 순서입니다. 생긴 모양만 다르다고 생각할 수 있지만 각각 낼 수 있는 힘의 크기에도 차이가 있습니다.

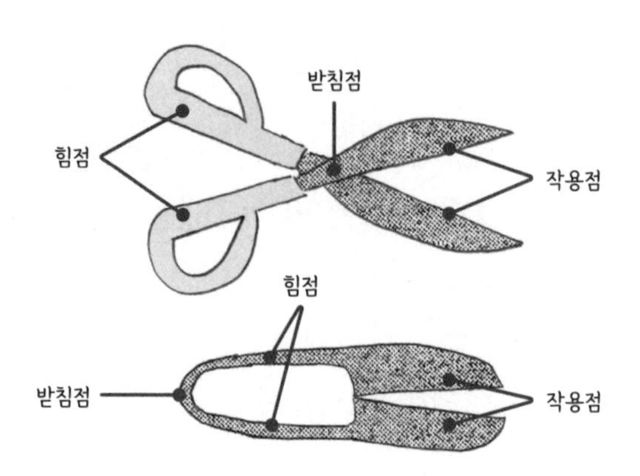

이렇게 같은 지레의 원리가 사용되었다고 하더라도 작용하는 방식은 힘점(힘을 주는 지점), 받침점(힘을 받쳐주는 움직이지 않는 지점), 작용점(물체에 힘이 작용하는 지점)의 위치 관계에 따라 크게 세 종류로 나뉩니다. 각각의 특징을 살펴보겠습니다.

: 가장 일반적인 '1종 지레' :

일반 가위는 받침점이 가운데 있고 '힘점-받침점-작용점'으로 이루어져 있습니다. 이것을 '1종 지레'라고 합니다. 많은 사람이 지레라고 하면 떠올리는 아래 그림과 같은 저울도 힘점과 작용점 사이에 받침점이 있기 때문에 1종 지레의 한 종류입

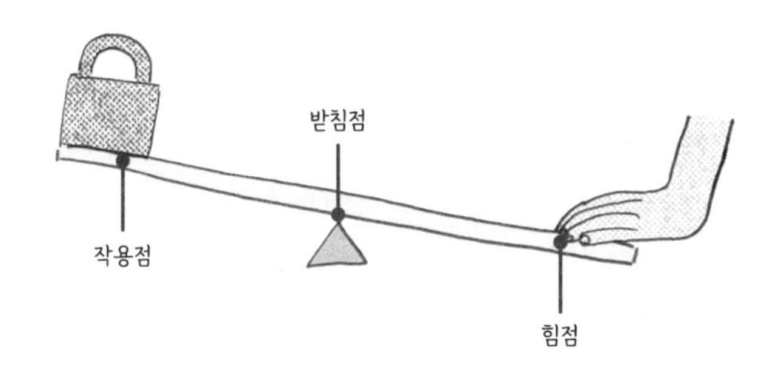

니다. 1종 지레는 '힘점-받침점'의 거리가 '작용점-받침점'의 거리보다 길면 길수록 작은 힘을 더 크게 키울 수 있습니다.

지레는 받침점 역할을 하는 받침대가 없어도 작용합니다. 예를 들어 긴 봉을 살짝 구부리면 구부러진 부분이 받침점이 되어서 힘을 증폭시키고 작용점으로 그 힘을 보냅니다. 이러한 원리를 활용한 것이 L자형 쇠지레나 못뽑이입니다.

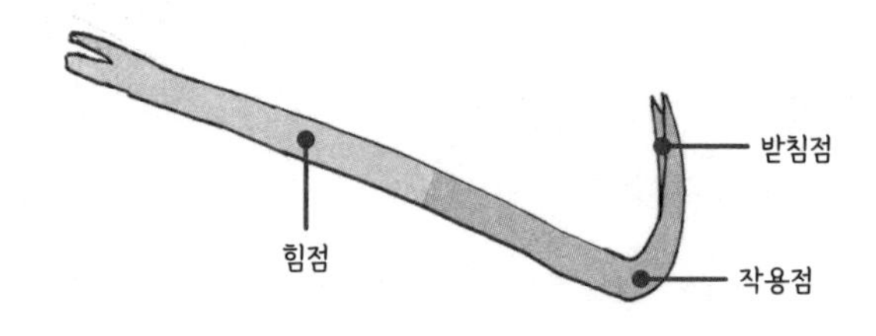

일반 가위는 지지대도 없고 구부러진 부분도 없지만 중심에 있는 고정핀이 받침점이 되어 두 개의 지레가 반대 방향으로 움직입니다. 이렇게 보면 같은 원리로도 다양한 도구를 만들 수 있다는 사실을 알 수 있습니다.

: 스포츠에서 많이 활용되는 '2종 지레' :

1종 지레와 마찬가지로 작은 힘을 크게 증폭시켜 주는 것이 '2종 지레'입니다. 2종 지레는 '힘점-작용점-받침점'의 순서로 이루어져 있습니다. 가장 바깥쪽에 받침점이 있기 때문에 항상 '힘점-받침점'보다 '작용점-받침점'의 거리가 짧습니다. 이 때문에 가한 힘보다 큰 힘이 작용점에 전달됩니다.

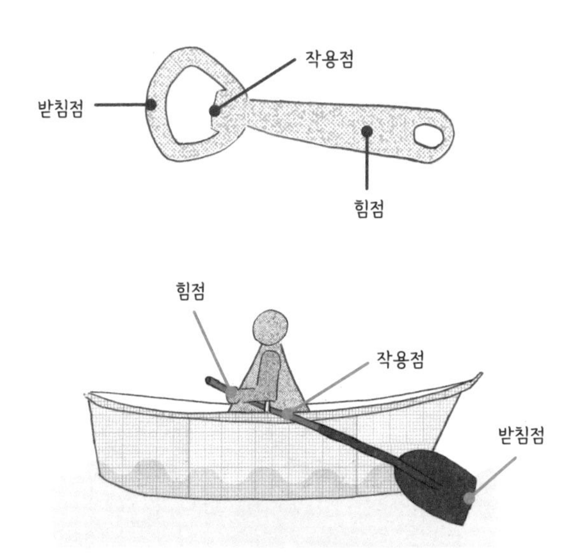

2종 지레를 이용한 대표적인 도구가 병따개입니다. 병따개는 손잡이(힘점)를 쥐고 반대쪽에 구멍이 뚫려 있는 끝부분(받침점)을 병뚜껑에 걸고 가운데 부분을 지지대 삼아 병뚜껑 끝부분을 들어 올려서 사용합니다. 1종 지레는 힘점과 작용점에서 반대 방향으로 힘이 작용하지만 2종 지레는 힘점과 작용점에서 같은 방향으로 힘이 작용합니다.

배의 노나 스키 스틱도 2종 지레의 원리를 이용한 것입니다. 물속에 들어가는 노와 눈 속에 들어가는 스키 스틱의 끝부분이 받침점이 됩니다. 물과 눈의 저항으로 인해 끝부분이 고정되면서 받침점의 역할을 하는 것입니다. 노나 스키 스틱을 쥐는 손의 위치가 힘점이 되고 받침점과 힘점 사이의 작용점에 힘이 전달되어 배와 스키를 앞으로 움직입니다.

: 섬세한 움직임에 특화된 '3종 지레' :

마지막으로 쪽가위와 같이 '받침점-힘점-작용점' 순서로 이루어져 있는 지레를 '3종 지레'라고 합니다. '힘점-받침점'의 거리보다 '작용점-받침점'의 거리가 더 길기 때문에 가한 힘보다도 작용점에서 작용하는 힘이 작습니다. 그렇다면 굳이 지레를 활용하는 의미가 없지 않냐고요? 그렇지 않습니다. 이 지레는 작은 힘을 크게 만들지는 못하지만, 힘을 섬세하게 작용점에 전달할 수 있기 때문에 힘 조절이 쉽고 정교한 움직임이 가능합니다. 3종 지레를 적용한 쪽가위는 가는 실을 자를 때 도움이 되는 도구입니다. 또, 작용점에 가윗날 대신에 얇은 집게를 달면 화학 실험이나 의료 현장에서 활약하는 핀셋이 됩니다.

여담이지만, 인간의 신체에도 지레의 원리로 설명할 수 있는 움직임이 있습니다. 뼈와 뼈를 이어 주는 관절이 받침점 역할을 하고 뼈에 붙어 있는 여러 개의 힘줄(힘점)에 힘을 가함으로써 손끝이나 발끝(작용점)이 움직입니다. 예를 들어 팔꿈치를 굽힐 때 상완 삼두근과 같은 바깥쪽 근육은 1종 지레(힘점-받침점-작용점)의 구조가 되기 때문에 힘 있게 움직일 수 있고, 상완 이두근과 같은 안쪽 근육은 3종 지레(받침점-힘점-작용점)의 구조가 되기 때문에 섬세하게 움직일 수 있습니다.

이렇게 힘점, 받침점, 작용점의 위치 관계를 바꾸면 큰 힘을 끌어내거나 정교하게 힘을 조절하는 등 지레를 다양한 방식으로 활용할 수 있습니다.

: 도마 없이도 자유롭게 자를 수 있는 가위 :

가위는 누구나 하루에 한 번은 사용하는 생활 필수품입니다. 공중을 자유자재로 다니며 주방에서 채소를 묶은 끈을 자르거나 옷장에서 새로 산 옷의 가격표를 떼거나 현관에서 택배 상자를 열 때 사용하죠. 택배 상자의 포장재도 예전에는 비닐 끈을 사용했는데 지금은 단단한 PP 소재의 끈을 사용하게 되면서 아무리 애를 써도 가위가 없으면 자를 수 없습니다.

가위는 '자르다'라는 의미의 라틴어 동사가 어원으로, 칼은 할 수 없는 방식으로 물건을 자를 수 있습니다. 둘 다 자르는 도구이지만 칼은 한 방향으로 압력을 가해서 음식을 자르기 때문에 도마와 같은 받침대가 없으면 잘 잘리지 않습니다. 반면 가위의 가장 큰 특징은 힘을 잘 전달하기 위한 자체 받침대가 있다는 것입니다. 칼을 사용할 때는 도마 위에 음식을 놓고 움직이지 않도록 고정하는데, 가위는 또 하나의 칼날이 자르고 싶은 물체가 공중에서 움직이지 않도록 고정합니다. 가위의 손잡이를 오므리면, 손잡이와 연동된 두 개의 칼날도 서로 가까워지고 물체는 두 칼날 사이에 끼게 됩니다. 두 개의 칼날로 자르는 대상을 잘 고정한 상태에서 각각의 칼날에 정 반대 방향에서 힘이 가해지기 때문에 물체가 떨어지거나 움직이지 않게 한 상태에서 절단할 수 있습니다. 즉 두 개의 칼날은 물체를 서로 잘 자르기 위한 받침대 역할을 하는 것입니다.✦

물론, 가위가 아무리 공중에서 자유롭게 움직일 수 있는 도구라 해도 불필요하게 움직이지는 않는 편이 좋습니다. 받침점이 흔들리지 않아야 손가락의 힘이 칼끝에 잘 전달되기 때문입니다.

✦ 이러한 상상을 해 보세요. 검의 달인이 아닌 우리가 덩굴에 대롱대롱 달린 호리병박을 칼날로 단숨에 잘라 낼 수 있을까요? 상처를 낼 수 있을지는 모르지만 그림으로 그린 듯이 깔끔한 절단면을 남기며 자르기는 쉽지 않습니다. 매달려 있는 호리병박에 한쪽 방향으로 힘을 가하더라도 호리병박은 받침대가 없어서 힘을 주는 방향으로 함께 움직입니다. 그렇게 되면 칼날에 힘이 제대로 전달되지 않습니다.

만약 고대 그리스 시대의 양치기가 양털을 깎을 때 나이프와 같은 칼날을 사용했다면 매번 자르고 싶은 부분의 털을 잡고 힘껏 당겨서 팽팽하게 한 후에 잘라야만 했을 것입니다. 자칫 잘못하면 양의 피부에 상처를 낼 수도 있기 때문에 깔끔하게 다 잘라 내기도 쉽지 않았을 것입니다.

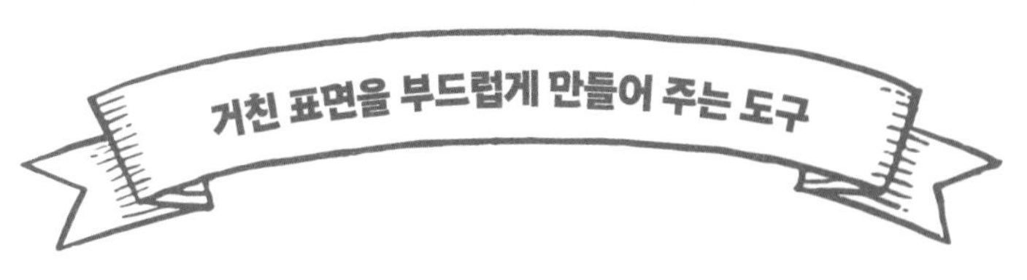

사포

#경도 #마찰

마찰로 인한 현상 중에는 '마모'가 있습니다. 마모란 마찰로 인해 물체의 표면이 닳아서 소모되는 것을 말합니다. 신발 바닥이 닳거나 식칼의 칼날이 무뎌지거나 타이어의 홈이 닳는 것은 모두 마모로 인한 현상입니다. 예시를 모아 보니 마모는 골치 아픈 현상이 아닌가 싶지만 꼭 그렇지만은 않습니다.

: 물체의 표면을 깎아 내는 연마의 비밀 :

'씨 글라스sea glass'가 무엇인지 알고 있나요? 바닷가를 걷다 보면 보석처럼 매끈한 반투명 유리 조각을 발견할 때가 있습니다. 이것이 씨 글라스입니다. 씨 글라스는 버려진 유리병 등의 파편이 오랜 시간에 걸쳐 천천히 파도나 모래에 씻기고 다듬어져 만들어집니다. 모래와 유리가 서로 부딪히면 부드러운 쪽의 표면에 상처가 납니다. 단단한 유리에도 수없이 많은 흠집들이 생기다가 나중에는 표면이 뿌옇고 매끈하고 둥근 모양의 씨 글라스가 됩니다. 씨 글라스처럼 모든 물체는 마모되는 과정에서 오염 물질이 씻겨 나가거나 각진 부분이 닳아서 표면이 부드러워집니다.

그중에서도 물체를 인위적으로 마모시키는 것을 '연마'라고 합니다. 예를 들어 신석기 시대에는 뗀석기를 돌이나 모래로 연마한 간석기가 등장했습니다. 연마재도 예전에는 주로 주변에서 구할 수 있는 돌이나 모래 같은 천연 재료를 사용했습니다. 물체를 연마하기 위해 쓰이는 연마재는 당연히 연마하는 물체보다 단단해야 합니다. 그리스의 크레타섬에서 약 2000년 전의 물건으로 보이는 청동 줄(쇠붙이를 연마하거나 날을 세울 때 쓰는 도구-옮긴이)이 발견되었다는 점에서 이 시대에도 이미 연마할 때 금속을 사용했다는 사실을 알 수 있습니다. 다른 소재와 비교해 보아도 금속은 월등히 단단해서 연마재로 쓰기에 더할 나위 없는 소재였을 것입니다. 오늘날에는 철을 더 단단하게 만든 강철이 자주 사용됩니다.

: 물체의 단단함은 어떻게 측정할까? :

사실 물체의 단단한 정도를 측정하는 공통적인 방법이나 단위는 없습니다. 물리에서 말하는 단단함은 '다른 물체로 인해 힘이 가해졌을 때 변형되지 않는 정도'를 말합니다. 물체의 변형에는 마모, 파괴, 구부러짐, 늘어남, 위축, 뒤틀림 등 다양한 형태가 있지만 물체의 재질이나 형상, 가해지는 힘의 크기나 방향 등의 조건에 따라 변형 방식도 달라집니다. 이 때문에 각각의 용도나 목적에 맞추어 다양한 측정 방법이 있고 단단함의 정의도 다릅니다. 예를 들어 광물이나 광석의 단단함은 '모스 경도'로 나타냅니다. 이것은 경도(단단한 정도)를 측정할 돌과 경도의 기준이 되는 돌 혹은 물질을 서로 문질러서 어느 쪽에 상처가 생기는지를 확인하는 방법입니다. 경도는 10단계로 구분되는데, 경도가 1인 돌은 손톱으로 상처를 낼 수 있을 정도로 약하고 경도가 7 이상이면 인공물보다도 단단하다는 뜻입니다. 경도가 10인 돌은 다이아몬드가 유일하며 지구상의 어떤 물질로도 상처 낼 수 없는 가장 단단한 물체이죠.

천연석인 루비나 사파이어, 다이아몬드 등 경도 7 이상의 돌은 희소성이 있어서 보석으로 인기가 많지만 인공적으로 만들 수도 있기 때문에 연마재로도 널리 쓰이고 있습니다.

일본에서는 오래전부터 속새라는 식물의 줄기나 푸조나무의 딱딱한 잎 뒷면을 사포처럼 사용했습니다. 12세기경 유럽

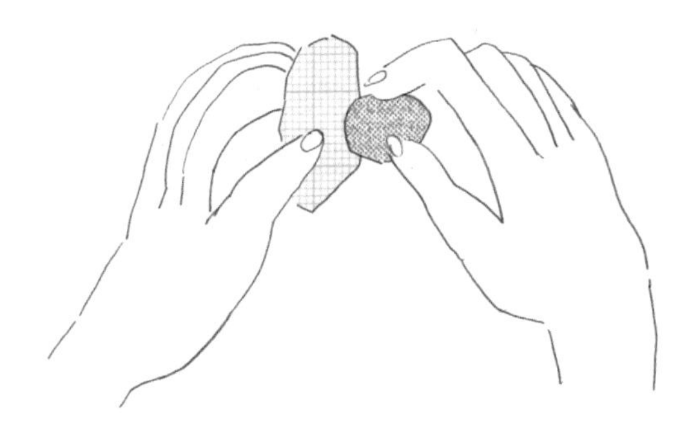

단단한 정도를 측정하고 싶은 돌과 기준이 되는 돌을 서로 문질러서 어느 쪽이 상처가 생기는지를 보고 모스 경도를 측정한다.

에서는 건조한 상어 가죽을 사용했고 나중에는 그보다 경도가 높은 루비나 사파이어 등의 광물을 천이나 종이에 붙여 사포처럼 썼습니다.

: 거친 부분을 마모시켜 매끄럽게 만든다 :

이 장의 제목은 '분리하는 도구'입니다. 사포는 칼이나 가위와는 다르게 물체가 '분리되는' 이미지가 떠오르지 않는 도구라 의아하게 느껴질 수도 있습니다. 하지만 칼과 가위, 사포의 원리는 비슷합니다. 물체를 구성하는 원자나 분자의 연결고리를 끊어 분리하는 도구라고 생각해 보세요. 연결고리를 끊는 방식이 '선'인 도구가 칼과 가위라면, 그 방식이 '면'인 도구는 사포입니다.

사포는 효율적으로 표면을 깎는 도구입니다. 연마란 물체를 인공적으로 마모시키는 행위이고 마모는 마찰로 인해 발생하는 현상이라고 앞서 말했습니다. 일반적으로 표면이 거칠면 마찰이 크고 표면이 매끄러우면 마찰은 줄어듭니다. 사포는 연마 입자의 크기에 따라 단계별로 거친 사포, 보통 거칠기의 사포,

부드러운 사포로 나뉩니다. 거친 부분부터 덜 거친 부분의 순서대로 사물 표면을 깎아서 매끄럽게 만듭니다.

사포는 사물의 표면을 매끄럽게 하는 과정에서 종이에 붙어 있던 연마 입자가 닳거나 떨어져 나갑니다. 연마를 할 때 서로 닿은 두 물체 중 어느 한쪽만 닳는 일은 없습니다. 서로 튀어나온 부분이 맞물렸을 때 발생하는 마찰로 둘 다 마모됩니다.

지우개도 마찬가지입니다. 종이에 묻은 흑연 입자를 지우개로 문지르면 종이와의 마찰보다 지우개와의 마찰이 더 크기 때문에 흑연 입자는 지우개 표면의 울퉁불퉁한 부분에 붙어서 종이 위를 미끄러지듯 지나게 됩니다.

지우개는 강한 마찰력으로 흑연 조각을 달라붙게 해서 종이에서 떼어 냅니다. 그러면서 동시에 지우개의 일부도 함께 떨어져 나갑니다. 사포도 지우개도 말 그대로 '몸이 가루가 되도록' 헌신하면서 물체의 표면을 매끈하게 만드는 것입니다.

소중한 물건이 더러워졌다고 해서 사포로 문지르는 사람은 아마 없겠지만 소위 매직 블록이라고 불리는 멜라민 스펀지를 사용하는 사람은 많습니다. 물을 묻혀서 문지르기만 해도 오염물질이 사라지기 때문에 덜 수고롭고, 세제를 사용하지 않는다는 장점이 있어서 청소할 때 반드시 필요한 아이템입니다. 하지만 멜라민 스펀지는 플라스틱의 일종인 멜라민 수지를 발포시

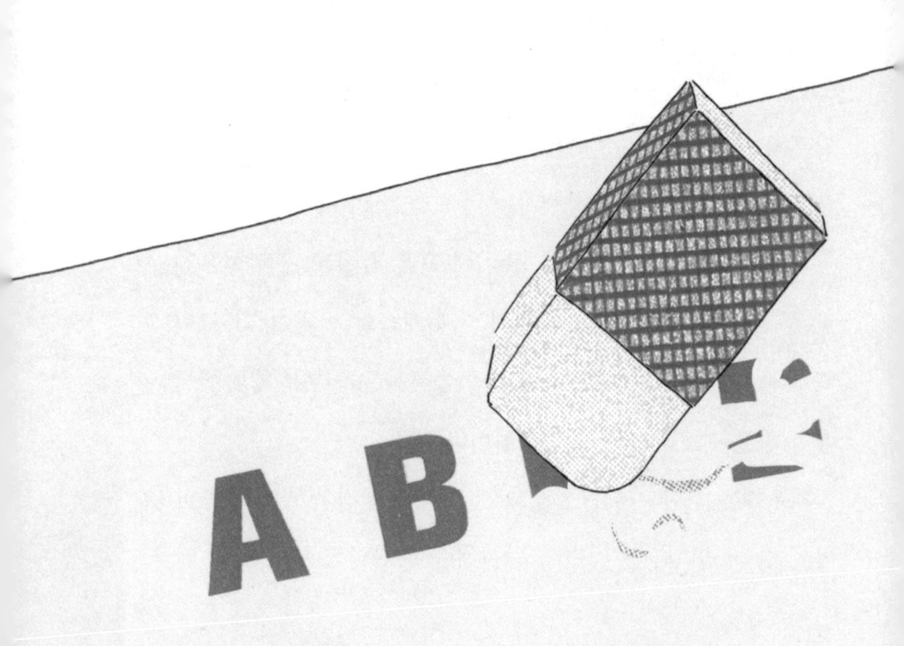

켜서 고형화한 것으로 공기를 포함하고 있습니다. 이 때문에 언뜻 보기에는 부드러워 보이지만 딱딱한 물체이며, 표면을 깎아서 부드럽게 만든다는 점에서는 종이 사포와 비슷한 기능을 합니다. 그런데 멜라민 스펀지가 물체의 표면을 갈아서 오염 물질을 없애는 물건이라는 사실을 모르면 비극이 발생할 수 있습니다.

김 서림 방지 기능이 있는 거울이나 도장된 차체 등 코팅된 물체, 부드러운 금속과 같은 물체를 멜라민 스펀지로 문지르면 순식간에 미세한 상처들이 생기고 그곳에 오염 물질이 들어가 더 더러워지니 주의해야 합니다.

✦ 마찰 현상이 일어날 때는 열이 발생합니다. 줄로 물체의 표면을 다듬을 때도 너무 뜨거워지지 않도록 물을 부으면서 작업하기도 합니다. 이것을 원자나 분자 단위로 생각해 봅시다. 응착설(102쪽 참고)에 따르면 접촉한 원자와 분자는 서로 끌어당깁니다. 이것을 외부의 힘으로 억지로 떨어뜨리면 점차 양쪽의 원자와 분자의 진동이 활발해져 열이 발생합니다. 영국의 과학자 럼퍼드Rumford(252쪽 참고)가 열을 발견할 수 있었던 것도 마찰 덕분입니다.

추울 때 몸을 비비면 따뜻해지는 것도 마찰로 인해 열이 발생하기 때문입니다. 우주에서 떨어진 운석도 지구 대기에 진입할 때 마찰로 인해 대부분 타버립니다. 그렇지 않으면 지구는 떨어진 운석 때문에 구멍투성이가 될 것입니다.

더 알아보기

사포와 복사기의 원리는 같다?

사포의 연마 입자는 균일한 간격으로 종이에 붙어 있습니다. 어떻게 입자를 그렇게 균일하게 붙이는 걸까요? 비밀은 바로 정전기에 있습니다. 물체와 물체를 문지를 때 발생하는 정전기가 사포 제조에 활용된다니 마찰과 정전기의 관계도 정말 흥미롭습니다.

구체적으로는 다음과 같은 방법으로 종이에 연마 입자를 붙입니다. 사포를 제조하는 기계에는 두 개의 금속판이 위아래로 서로 마주 보도록 설치되어 있습니다. 전류의 양극에 연결된 금속판은 양전기를, 음극과 연결된 금속판은 음전기를 띠고 있습니다.

음전기를 띠는 금속판을 위쪽, 양전기를 띠는 금속판을 아래쪽에 설치하면 컨베이어 벨트 위에 있는 연마 입자가 아래 금속판을 통과할 때 양전기를 받게 됩니다. 한편 위에 있는 금속판에서 종이는 접착제가 부착된 면을 아래로 향하게 한 상태로 대기하고 있습니다. 양전기를 띤 연마 입자는 음전기를 띤 종이에 빨려 들어가듯 위로 날아가고 종이에 균일하게 붙습니다. 사포는 이렇게 만들어집니다.

복사기의 원리도 이와 비슷합니다. 토너(흑연과 안료를 부착한 플라스틱 입자)와 종이가 전기를 띠게 해서 음극에서 양극을 향해 토너를 전사하고 열로 정착시킵니다. 그 외에도 인형이나 카펫, 자동차 도장 등 균일하게 물체를 붙여야 할 때 정전기가 이용되고 있습니다.

채반

#관성

맛있는 샐러드를 만드는 비결은 씻은 채소의 물기를 잘 털어 내는 데 있습니다. 드레싱을 부어도 채소에 물기가 많으면 맛이 없어집니다. 이때 필요한 도구가 채반입니다. 씻은 채소를 채반에 넣어 두면 중력으로 인해 물은 자연스럽게 채반의 틈 사이로 떨어집니다.

하지만 매일 바쁘게 생활하다 보면 천천히 물이 떨어지기를 기다릴 시간과 마음의 여유가 없습니다. 그래서 대부분 채반을 천천히 흔들거나 급할 때는 볼을 씌워서 채소가 떨어지지 않도록 한 후 위아래로 세게 흔들기도 합니다. 이렇게 하면 왜 물을 빨리 털어 낼 수 있을까요?

: 채반을 흔들면 아래로 떨어지는 물방울 :

여기에 관성의 법칙이 숨어 있습니다. 관성의 법칙이란 '외부의 작용(힘)이 없는 한 멈춰 있는 물체는 계속 멈춰 있으려고 하고, 운동하는 물체는 계속 운동하려고 한다'입니다. 쉽게 말하면 땅 위를 굴러가는 공은 바닥과의 마찰이 없으면 영원히 굴러간다는 의미입니다.

씻은 채소를 채반에 넣고 아래로 세게 흔들면 채소와 채소에 있던 물방울은 관성의 법칙에 따라 그 자리에 머무르려고 하기 때문에 순간 채반에서 멀어집니다. 그 후에는 중력으로 인해 아래로 떨어집니다. 이때 채소도 떨어지려고 하지만 채반이 채소를 받쳐 줍니다. 하지만 채소에 있던 물기는 채반의 빈틈 사이를 빠져나와 중력에 의해 아래로 떨어지므로 채반을 위아래로 흔드는 것만으로도 물기를 제거할 수 있습니다.

그렇다면 관성의 법칙이 적용되는 이유는 무엇일까요? 그것

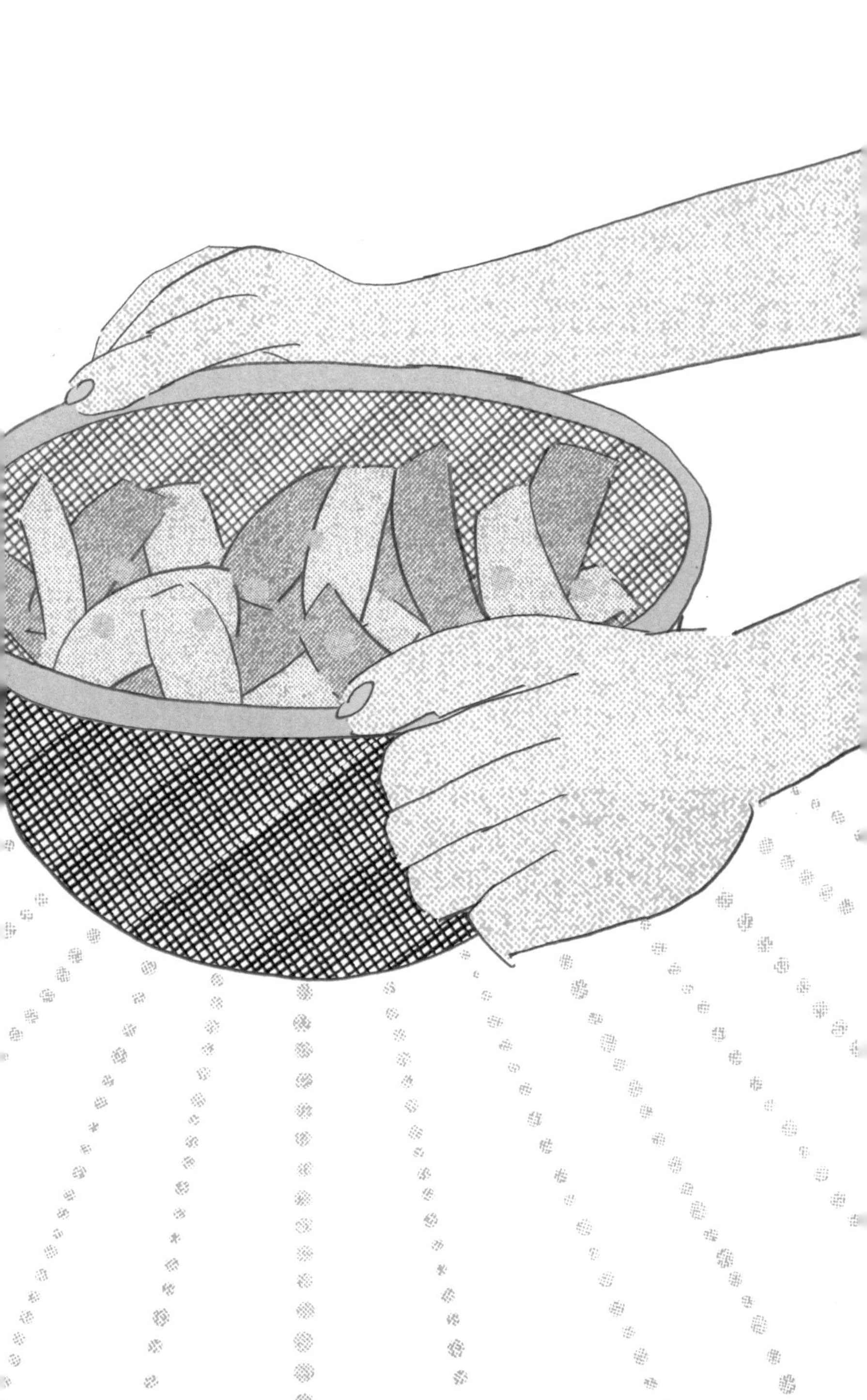

은 모든 물체에는 운동 상태를 유지하려고 하는 '관성'이라는 성질이 있기 때문입니다. 설명이 충분하지 않다고 생각할지도 모르지만 '왜 모든 물체에는 관성이 있는가?'라는 질문은 물리학이 아니라 철학의 영역입니다. '모든 사물에는 관성이 있다'라는 사실을 전제로 이론을 구축한 것이 물리라는 학문입니다.

: 갈릴레오가 발견한 관성의 법칙 :

그렇다면 관성의 법칙은 언제 만들어졌을까요? 처음에 이 법칙을 발견한 사람은 근대 과학의 아버지라고 불리는 르네상스 시대의 이탈리아 물리학자 갈릴레오 갈릴레이Galileo Galilei✦입니다. 갈릴레오는 관성의 법칙에 대해 쓴 저서 《대화》에 이렇게 적었습니다.

움직이는 배의 돛대 위에서 돌을 떨어뜨리면 손을 떠난 돌은 돛대를 따라 계속 떨어지고 배가 정지되어 있을 때와 같은 시간, 같은 위치(돛대의 바로 옆)에 떨어진다. 관성의 법칙이 없다면 배는 앞으로 이동하고 돌은 바로 아래로 떨어지기 때문에 배가 앞으로 나아간 만큼 돌은 돛대 뒤쪽에 떨어져야 한다. 하지만 정지되어 있을 때와 동일하게 돛대 바로 옆에 떨어지는 것은 돌이 손을 떠난 후 낙하하면서도 관성의 법칙으로 인해 배와 같은 속도로 앞으로 계속 나갔다는 뜻이 된다.

갈릴레오는 배가 움직이든 움직이지 않든 돛대 위에서 떨어뜨린 돌이 같은 시간에 같은 위치에 떨어지는 것을 보고 떨어지는 돌도 배와 동일하게 전진하는 것이 아닐까 생각했습니다.

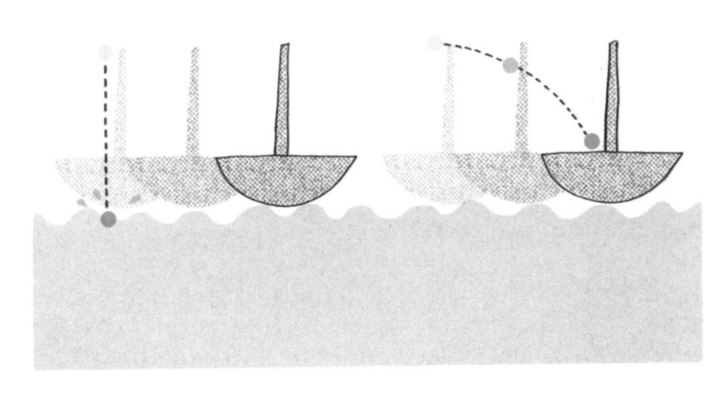

돌이 배와 함께 움직이지 않는다면 배만 전진하고 돌은 바다에 떨어질 것이다(왼쪽). 돛대 바로 옆에 떨어진다는 것은 돌도 배와 함께 앞으로 전진한다는 의미이다(오른쪽).

갈릴레오의 발상이 잘 이해되지 않는다면 이렇게 생각하면 이해하기 쉽습니다. 지구는 자전하고 있습니다. 속도는 적도 부근에서 시속 1700*km* 정도입니다. 관성의 법칙이 성립하지 않는다면(즉, 제자리에서 점프한 사람이 공중에 떠 있는 동안 지구의 자전과 함께 움직이지 않는다면) 우리는 1초 점프할 때마다 지구 위를 470*m* 정도 이동한다는 계산이 나옵니다. 그렇게 되면 전철이나 버스를 타지 않더라도 몇 번의 점프만으로 지구 자전의 반대 방향으로 꽤 먼 거리를 이동할 수 있습니다. 하지만 그런 일은 영화나 게임에서 볼 수 있을 뿐 현실에서는 일어나지 않습니다. 안타깝게도 우리는 제자리에서 아무리 힘껏 뛰어올라도 결국에는 처음 뛰었던 자리에 착지하게 됩니다. 왜냐하면 지구에서 발이 떨어진 후에도 우리의 몸은 지구와 같은 속도와 방향으로 계속 움직이기 때문입니다.

관성의 법칙은 '지동설'을 주장한 갈릴레오이기 때문에 생각할 수 있었던 법칙입니다. 갈릴레오가 니콜라우스 코페르니쿠스Nicolaus Copernicus의 지동설을 지지했을 때 주변 학자들은 '손을 떼면 물체가 바로 아래로 떨어지는 것이 지구가 움직이지 않는다는 증거다', '지구가 움직인다면 다른 장소에 떨어져야 한다'라는 주장을 했습니다. 이에 대한 대답이 앞서 소개했던

《대화》의 내용입니다. 갈릴레오는 관성의 법칙 등을 근거로 내세워 지동설을 주장했지만 로마 교회의 권력이 막강했던 시대에는 교회를 위협한다고 해서 지동설이 받아들여지지 않았습니다.

흔들지 않고 회전시켜서 물기를 제거한다?

다시 채반 이야기로 돌아가겠습니다. 최근에는 채소 탈수기라고 불리는 채반도 등장했습니다. 손잡이를 돌려서 물기를 제거하는 도구입니다. 이것은 볼과 채반, 뚜껑이 하나의 세트인데, 채반 안에 채소를 넣고 뚜껑을 닫은 후 뚜껑에 달린 손잡이를 빙그르르 돌리면 희한하게도 순식간에 물기가 제거되는 편리한 도구입니다.

채소 탈수기는 위아래로 흔드는 대신에 회전시키는 방식이지만 마찬가지로 관성의 법칙을 이용한다는 점에서 일반적인 채반과 원리는 같습니다. 회전으로 물기를 제거하는 도구의 원리에 대해서는 다음과 같은 상황을 떠올려 보면 쉽게 이해할 수 있습니다.

타고 있던 버스가 출발할 때 몸이 뒤로 밀리는 경우가 있습니다. 버스가 출발할 때 차에 닿아 있는 발은 버스와 함께 앞으로 가는데 몸은 관성의 법칙에 따라 그 자리에 머무르려고 하기 때문에 뒤쪽으로 몸이 기우는 것입니다. 반대로 움직이던 버스가 정차할 때는 발은 버스와 함께 멈추지만 몸은 계속 앞으로 가려고 해서 몸이 앞으로 쏠립니다. 버스가 좌회전할 때는 몸이 그대로 계속 직진하려고 하다 보니 오른쪽으로 기울게 됩니다. 채소 탈수기에서 일어나는 현상이 버스가 회전할 때의 상황과 같다고 생각하면 됩니다.

채소 탈수기를 돌리면 채반 안에 있는 채소는 어쩔 수 없이 함께 돌기 시작합니다. 채소는 커브를 돌 때의 버스 속 승객과 마찬가지로 회전하지 않고 직진하려 하지만 채반이 멈추면서 그 움직임도 함께 멈추게 됩니다. 한편 채소에 맺혀 있는 물방울은 채반 사이를 빠져나와 그대로 밖으로 날아갑니다. 이렇게 채소에 있는 물기는 회전으로 인해 밖으로 날아가게 되는 것입니다. 세탁기의 탈수 기능도, 젖은 머리를 좌우로 흔들어서 수분을 터는 반려견의 움직임도 원리는 동일합니다.

우리 주변의 현상이나 무의식중에 하는 동작에는 관성의 법칙이 작용하는 것이 많습니다. 젖은 우산의 물기를 털어 내려

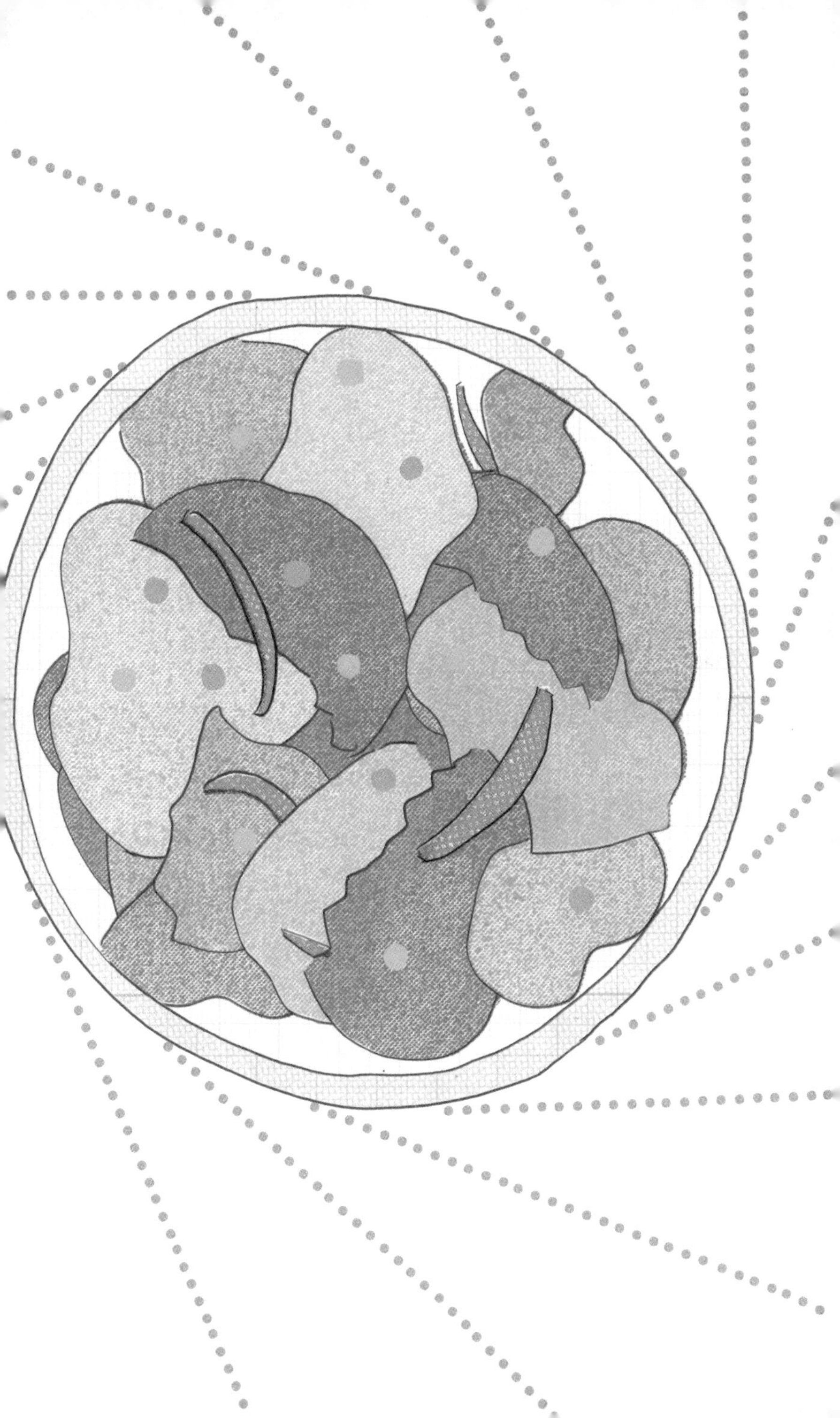

고 별생각 없이 바닥에 내리치는 것도 관성의 법칙을 활용한 좋은 사례입니다. 관성은 변화를 좋아하지 않는 성질로, 다른 말로는 '타성'이라고도 합니다. 물기 제거는 쉽게 할 수 있지만 매일 아침 이불을 박차고 일어나기는 어려운 것처럼, 일상생활 속 타성을 벗어나기란 참 힘든 것 같습니다.

✦ 갈릴레오가 근대 과학의 아버지라고 불리는 이유는 실험이나 관찰을 바탕으로 이론을 정립한 최초의 과학자였기 때문입니다. 갈릴레오 이전의 학자는 고대 그리스의 아리스토텔레스의 주장이나 성서의 가르침을 무조건적으로 신봉하고 실제로 확인하려 하지 않았습니다. 아리스토텔레스는 무거운 물체는 빠르고 가벼운 물체는 천천히 떨어진다고 생각했고 갈릴레오 시대의 다른 학자도 이를 맹신하고 의심하지 않았습니다.

하지만 갈릴레오는 피사의 사탑에서 무게가 다른 물체를 떨어뜨려 본 뒤 두 물체가 거의 같은 속도로 낙하한다는 사실을 확인했습니다. 공기의 저항으로 인해 어떤 물체든 동시에 바닥으로 떨어진다고 생각한 것입니다. 이 실험을 갈릴레오가 실제로 했는지에 대해서는 다양한 설이 있지만 분명 기록이 남아 있습니다. 또한, 갈릴레오는 '사고 실험'을 통해 추론하고 법칙을 찾아냈습니다. 배의 돛대 실험도 《대화》에 기록된 실험 중 하나입니다.

더 알아보기

원심력은 실제로 존재하지 않는다?

채소 탈수기의 상품 설명서를 보면 '원심력으로 물기를 날린다'라고 써 있는 경우가 많습니다. 이것은 물리학 관점에서 봤을 때 잘못된 표현입니다. 원심력이란 실제로 존재하는 힘이 아니기 때문입니다. 즉, 실체가 없는 환상 속에 존재하는 힘이라고 할 수 있습니다.

쉽게 설명하기 위해 앞서 말했던 버스의 사례를 예로 들어 설명하겠습니다. 사실 이 현상에는 두 가지 관점이 있습니다. 버스 정류장에 서 있는 사람이 버스가 출발하는 순간의 승객을 보면 관성으로 인해 뒤로 몸이 기우는 것처럼 보입니다. 그렇다면 버스 승객은 어떻게 느낄까요? 버스가 출발할 때 승객은 보이지 않는 힘으로 인해 일방적으로 진행 방향과는 반대 방향으로 밀린다고 느낍니다. 이때 승객이 느끼는 힘을 관성력이라고 합니다. 승객 입장에서는 관성력으로 인해 몸이 뒤로 쏠렸다고 표현할 수 있습니다.

특히 버스가 커브를 돌 때와 같이 회전이나 회전에 가까운 운동을 할 때의 관성력을 원심력이라고 합니다. 다만 원심력을 포함해서 관성력이 작용한다고 느끼는 것은 본인뿐입니다. 버스가 출발할 때의 관성력은 승객만 느낄 수 있고 정

날아간 물방울은 관성으로 인해 원의 접선 방향으로 곧게 날아가지만 회전하는 채소는 물방울이 외부의 힘을 받는 것(원심력이 작용하는 것)처럼 보인다.

류장에 있는 사람은 느낄 수 없습니다.

채소 탈수기의 경우를 생각해 봅시다. 채반 안에서 함께 회전하는 채소 입장에서 보면 물기가 원심력 때문에 채반 밖으로 날아간 듯 보입니다. 하지만 함께 돌지 않았던 우리 입장에서 보면 물기는 관성으로 인해 스스로 직선 방향으로 움직이는 것처럼 보입니다. 즉 앞에서 '원심력으로 인해 물이 날아갔다'라는 표현은 채반 속에 있던 채소 입장에서 바라본 현상이며 채소 탈수기를 사용하는 사람의 관점에서는 '관성으로 인해 물기가 날아갔다'라고 해야 정확한 표현입니다.

세탁기 광고도 마찬가지입니다. 강한 원심력으로 탈수한다고 말하려면 우리도 세탁물과 함께 회전하고 있어야 합니다.

이렇게 같은 운동이라고 해도 관점에 따라서 보이는 현상이나 느끼는 바가 다르다는 사실은 '모든 운동은 상대적'이라고 하는 아인슈타인의 상대성 이론과 연결되는 중요한 개념입니다.

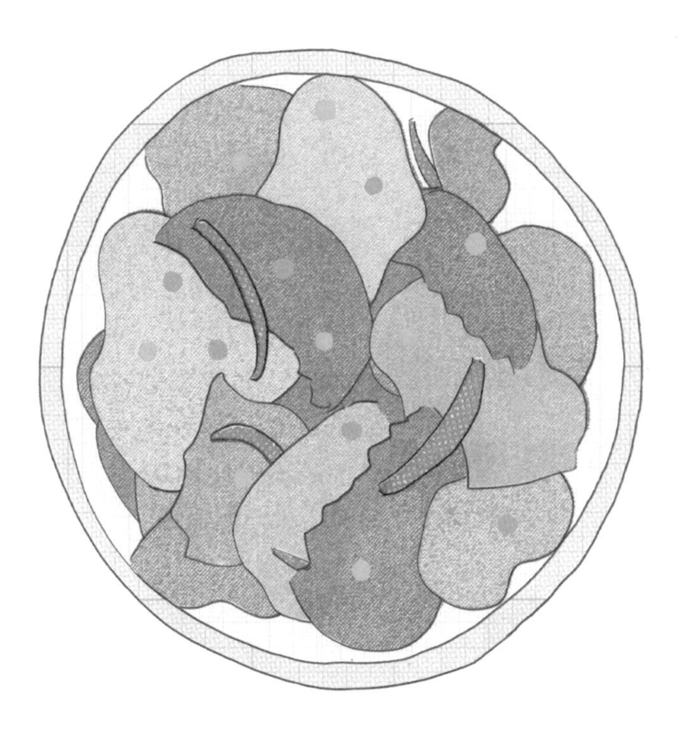

4장

유지하는 도구

'흐르는 강물은 그치는 일이 없고 같은 곳에 머무르지 않는다'(일본의 3대 고전 수필 중 하나인 호조키의 한 구절 – 옮긴이)라는 시처럼 세상은 항상 변화합니다. 시간의 흐름과 함께 형태가 있는 물건은 망가지고 화려한 것은 색이 바래며 따뜻한 것은 온기를 잃게 됩니다.

하지만 선조들은 그런 자연의 섭리에 호기롭게 도전해 왔습니다. '유지하는 도구'는 그 결정체라고 할 수 있습니다. 흩어지는 것을 모으고, 따뜻한 것을 식지 않게 유지하는 방법을 고안했습니다. 유지하는 도구에는 이렇게 배려하는 마음, 즉 사랑이 담겨 있다는 사실을 함께 느꼈으면 합니다.

클립

#탄성

학교에서 일하다 보면 귀여운 문구류를 볼 기회가 많습니다. 클립 하나만 보더라도 핑크색이나 파란색으로 코팅된 것, 동물 모양을 본뜬 것 등 다양한 디자인이 있어서 질리지 않습니다. 평범한 업무 서류도 귀여운 클립들로 고정시키면 보기만 해도 기분이 좋아집니다. 이 작은 클립에는 도대체 어떤 물리의 비밀이 숨겨져 있을까요?

탄성력으로 종이를 고정하는 도구

클립은 흐트러지기 쉬운 서류를 하나로 묶어서 유지할 수 있게 해주는 편리한 도구입니다. 디자인은 여러 가지가 있지만 원리는 모두 동일합니다. '한 번 반 정도 감은 철사 사이에 종이를 끼운 것'입니다. 클립은 손가락으로 벌린 철사가 원래 상태로 돌아가려는 힘, 이른바 철사의 탄성력으로 종이를 고정합니다. 포크가 음식의 탄성력을 이용해 음식을 들어 올렸던 것처럼 말입니다(85쪽 참고).

이렇게 특정 상태를 유지하기 위한 도구에는 탄성력을 이용한 것이 많이 있습니다. 고무줄은 늘이면 다시 원래 상태로 돌아가려는 힘이 작용하는데 그 힘을 이용해 채소 묶음이나 과자 봉지를 고정합니다. 그 외에도 당긴 만큼 다시 돌아가려고 하는 랩의 성질을 이용해 용기의 테두리 부분에 덮어씌워서 공기가 통하지 않게 합니다.

: 철사를 가로로 눕히면 탄성력이 더 커지는 이유 :

직선으로 된 철사로 종이를 고정할 수 없다는 것은 누구나 알 수 있는 사실입니다. 애초에 금속으로 만들어진 얇고 딱딱한 철사에 종이를 고정할 만한 탄성력이 있는지도 의문입니다. 하지만 수축하거나 팽창하지 않을 것처럼 보이는 철사에도 탄성이 있습니다. 예를 들어 단면이 1㎟, 길이가 1㎝인 철사를 세로로 세워서 윗부분을 고정하고 아래에 100g의 추를 달면 전체 길이가 0.00005㎝ 정도 늘어납니다.

이번에는 같은 철사를 가로 방향으로 돌려 봅시다. 철사를 가로로 들고 한쪽 끝을 고정한 후 다른 한쪽 끝에 동일하게 100g의 추를 달면 그냥 들고 있을 때보다 약 2㎝나 더 늘어납니다. 철사 각 부분의 변형 정도는 동일하지만 가로로 돌리면 변형되는 방향이 조금씩 바뀌고 끝으로 갈수록 더 많이 변형되기 때문입니다. 크게 변형될수록 원래대로 돌아가려는 힘인 탄성력은 커집니다. 물체는 가한 힘만큼 변형되고 변형된 만큼 탄성력이 생기기 때문에 가한 힘과 물체의 탄성력은 같은 크기가 됩니다.

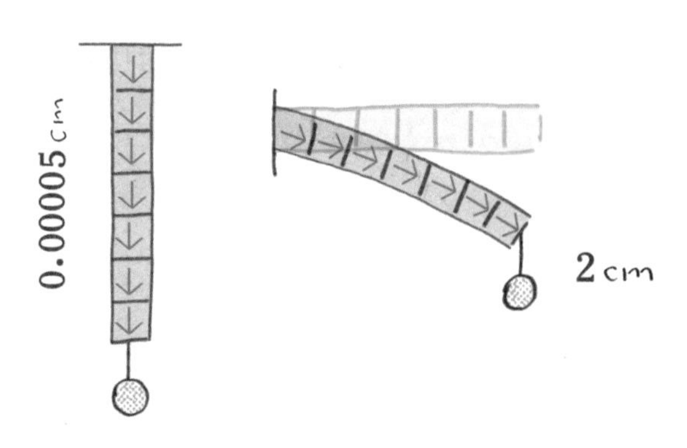

철사 각 부분의 변형 정도는 동일하지만 가로로 눕히면 변형되는 방향이 조금씩 바뀌기 때문에 끝으로 갈수록 더 크게 변형된다.

철사를 가로로 놓고 굽힐 때의 탄성력을 이용한 것이 머리카락을 고정하는 머리핀입니다. 곧은 철사를 한 번 접은 형태인 머리핀은 바깥쪽으로 펼치려고 하면 이에 저항해 안쪽 방향으로 탄성력이 작용합니다. 클립은 한 번 반 정도 감은 구조입니다. 철사를 감으면 한 번 접는 것보다 탄성력이 커지고 더 강한 힘으로 종이를 고정할 수 있습니다.

: 철사를 더 많이 감으면 어떻게 될까? :

그렇다면 감는 횟수를 늘리면 어떨까요? 철사를 봉과 같은 물체에 서로 겹치지 않도록 조금씩 어긋나게 감으면 이른바 스프링이 됩니다. 이렇게 감아서 만든 철사는 '코일 스프링'이라고 불리며 탄성력이 크기 때문에 침대의 스프링 등 생활 속에서 다양하게 쓰입니다.

1660년 영국의 물리학자 로버트 훅Robert Hooke이 발표한 훅의 법칙Hooke's law✦에 따르면 '스프링에 가하는 힘'과 '스프링이 늘어나는 정도(또는 수축하는 정도)'는 서로 비례합니다. 즉, 스프링에 가하는 힘을 두 배로 늘리면 스프링이 늘어난(또는 줄어든) 길이도 두 배가 된다는 뜻입니다.

코일 스프링에는 볼펜 안에 들어가 있는 압축 스프링과 자전거 스탠드에 사용되는 인장 스프링 등 다양한 종류가 있습니다. 힘을 가하는 방법이나 변형 방식에 따라 다르지만 훅의 법칙에서 '늘어나는 정도'를 '변형량'으로 바꾸면 어떤 스프링에도 '대체로' 이 법칙이 적용됩니다. '대체로'라고 표현한 이유는 가하는 힘이 스프링이 가진 한계를 넘으면 변형되는 것이 아니라 끊어지거나 망가지기 때문입니다(89쪽 참고).

코일 스프링은 감으면 재료인 철사보다도 더 많이 늘어나거나 수축합니다. 볼펜 안의 작은 스프링을 살펴보세요. 겹치지 않도록 어긋나게 감은 철사가 조금씩 비틀어져 있습니다. 비틀림도 변형 중 하나이며 원래대로 돌아가려는 탄성력이 작용합니다. 코일 스프링은 비틀린 부분들 때문에 늘어나거나 수축하기가 더 쉽습니다.

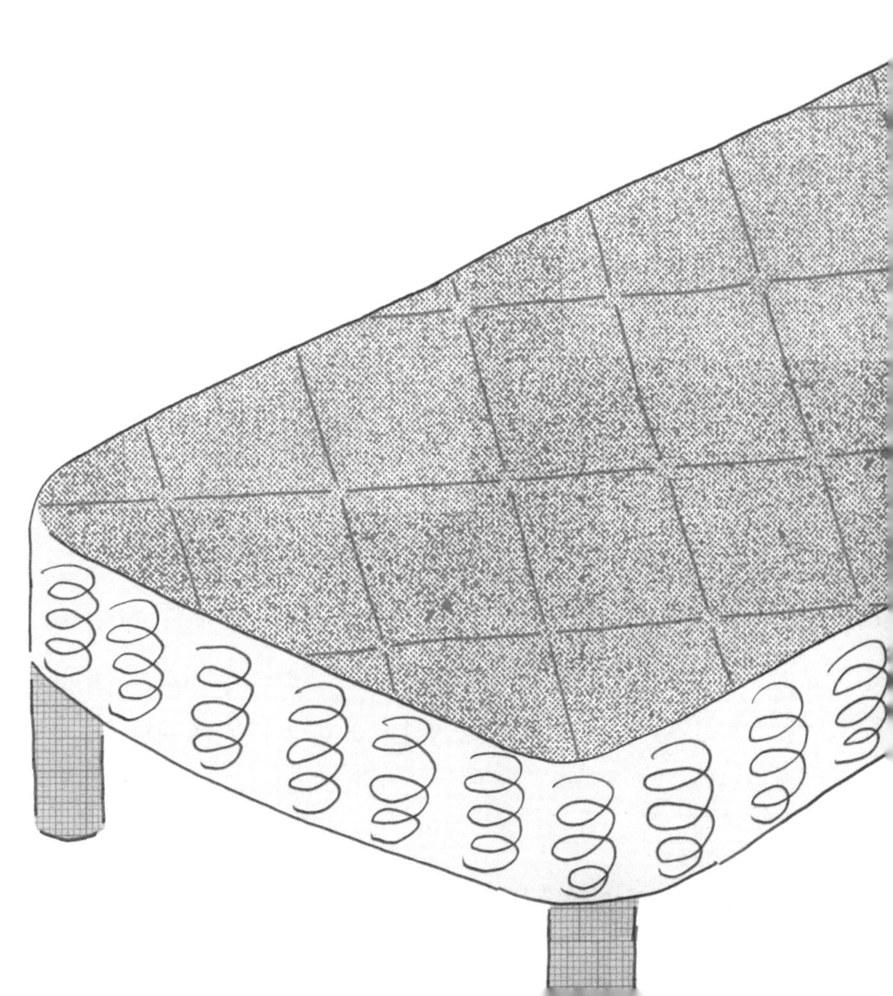

: 적게 감겨 있는데도 탄성이 큰 클립 :

스프링에는 다양한 종류가 있습니다. 더블 클립은 판스프링, 태엽은 스파이럴 스프링으로 분류됩니다. 클립은 선 세공 스프링의 한 종류입니다. 말 그대로 얇은 와이어를 구부려서 만드는 선 세공 스프링에는 클립 외에도 머리핀이나 거품기 등이 있습니다. 선 세공 스프링은 자유로운 형태로 쉽게 가공할 수 있는 만큼 탄성 한계를 넘기기도 쉽기 때문에 스프링이라고 하더라도 훅의 법칙이 적용되지 않습니다.

클립의 전체적인 탄성력은 감은 횟수가 많은 코일 스프링에 미치지 못하지만, 소용돌이 모양으로 평평하게 감겨 있기 때문에 펼쳤을 때 뒤틀림은 코일 스프링보다 더 큽니다. 그러한 관점에서 클립을 본 적은 없을 테니 기회가 된다면 꼭 클립 사이를 손가락으로 펼쳐 보고 구부러진 부분의 뒤틀린 정도를 비교해 보기 바랍니다. 많이 뒤틀릴수록 한 번 반 정도만 감아도 종이를 끼워서 유지하는 데 충분한 탄성력이 작용합니다.

클립이나 코일 스프링을 잡아당겨서 펼치면 하나의 긴 철사가 됩니다. 곧게 뻗은 하나의 철사를 구부려서 탄성력을 높이고 스프링의 규칙성을 발견했을 뿐 아니라 오늘날과 같이 다양하게 활용할 수 있도록 발전시킨 선조들의 지혜와 탐구심에는 존경심을 표하지 않을 수 없습니다. 스프링은 서류를 끼우는 작은 역할부터 탈것이나 건물을 지탱하는 큰 역할까지 하기 때문에 우리의 생활 속에서는 반드시 필요한 도구입니다. 다양한 역할을 하는 존재이니 혹시나 볼펜 심을 바꿀 때 스프링이 '뽕!' 하고 튀어나오더라도 화내지 말고 소중하게 다뤄주세요.

✦ 훅의 법칙은 스프링뿐만 아니라 고무 등 탄성이 있는 모든 물체에 적용됩니다. '물체의 변형된 양(늘어나거나 수축하는 정도)은 가하는 힘의 크기와 비례한다'라는 훅의 법칙에서, 비례하는 비율을 탄성 계수라고 합니다. 스프링의 경우는 스프링 상수라고 합니다. 식으로 쓰면 다음과 같습니다.

가하는 힘(탄성력) = 스프링 상수 X 변형량(늘어나거나 수축하는 정도)

스프링 상수는 스프링의 단단한 정도를 나타냅니다. 스프링 상수가 클수록 수축하거나 늘어나는 데에 큰 힘이 필요합니다. 즉, 단단한 스프링이라는 의미입니다. 침대에는 굵은 철사로 만들어진 단단한 스프링이 사용됩니다. 침대의 스프링처럼 스프링 상수가 큰 스프링은 조금만 수축해도 원래대로 돌아가려는 탄성력이 크기 때문에 제대로 몸을 지탱해 줍니다. 다시 말하면 수축하기 힘든 것은 원래대로 돌아가기도 힘들고 쉽게 수축하는 것은 쉽게 원래 상태로 돌아간다는 말입니다.

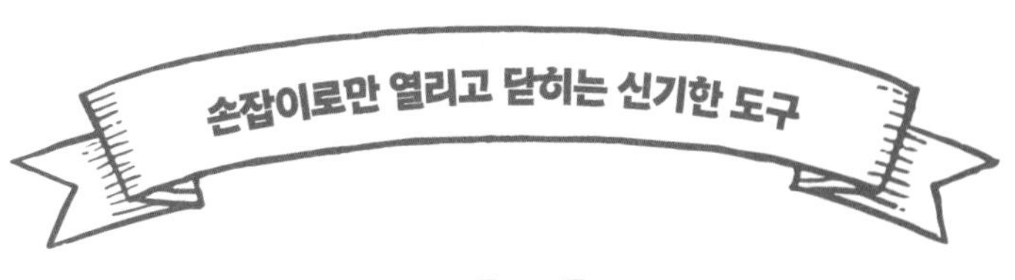

지퍼

#갈고리 #작용반작용의법칙

'손잡이를 내리면 열리고 올리면 닫힌다.' 외투나 바지를 입고 벗을 때 반드시 필요한 이 부분을 여러분은 무엇이라고 부르나요? 지퍼, 파스너, 자크 등 여러 이름이 있을 텐데요(참고로 지퍼는 여닫을 때 나는 소리를 의미하는 'zip'에서 나온 말이고, 자크는 일본에서 처음으로 제품화되었을 때 붙인 이름인데 주머니를 의미하는 일본어 '긴차쿠'에서 따온 말이라고 합니다). 우리가 일상적으로 쓰는 표현은 '지퍼'이기에 앞으로도 이해를 위해 '지퍼'라고 지칭하겠습니다. 지퍼는 우리가 매일 사용하는 도구이지만, 어떠한 원

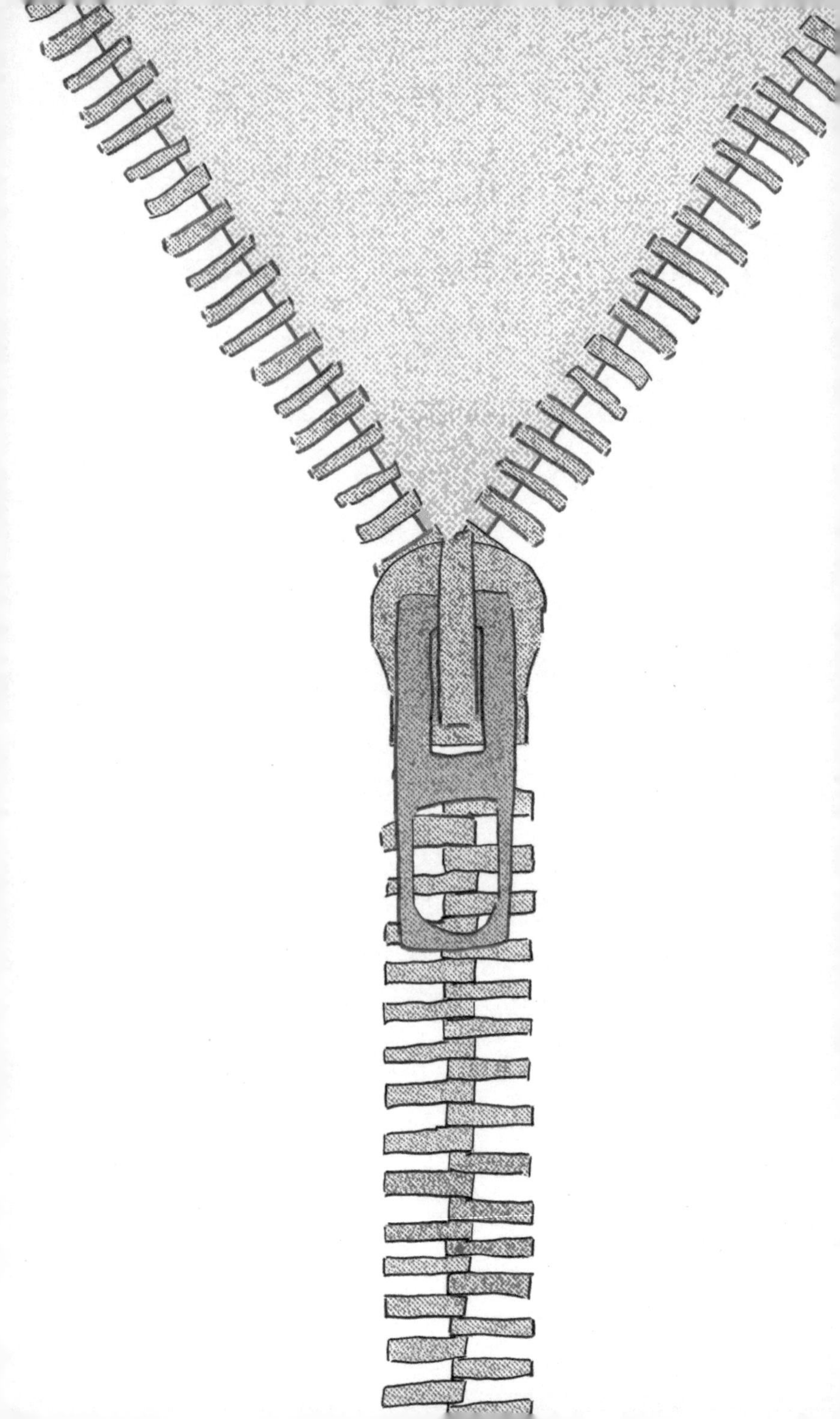

리로 작동하는지는 아마 잘 모를 것입니다. 이제부터는 지퍼의 원리를 살펴보겠습니다.

: 편리한 갈고리 모양의 도구 :

지퍼는 한 번 닫으면 손잡이를 움직이지 않는 한 열리지 않습니다. 반면 손잡이를 움직이면 쉽게 열립니다. 이렇듯 손잡이 하나로 쉽게 여닫을 수 있는 지퍼의 비밀은 바로 갈고리 모양의 부품에 있습니다.

갈고리 모양이라고 하면 고양이나 매와 같은 동물들의 갈고리 모양 발톱이 떠오릅니다. 안쪽으로 구부러져 있는 날카로운 발톱은 동물을 잡을 때도 쓰이고 땅이나 나무에 걸고 몸을 지탱할 때도 도움이 됩니다. 고대의 낚싯바늘✦이 유물로 발견되는 것처럼, 갈고리 모양의 도구도 오래전부터 사용되었습니다. 지금도 집 안을 둘러보면 행거의 S자 고리, 벽걸이용 고리, 셔터나 스크린을 내리는 고리, 뜨개질에 사용하는 뜨개바늘, 양복이나 샌들에 달린 크고 작은 다양한 고리 등을 어렵지 않게 발견할 수 있습니다. 일상에서 쓰이는 갈고리 모양의 도구는 이처럼 무궁무진합니다.

: 후크 선장의 의수와 낚싯바늘의 원리 :

갈고리의 특징은 '한 번 걸면 쉽게 빠지지 않지만 고리를 빼면 다시 자유롭게 움직일 수 있다'라는 것입니다. 여기서 잠깐, 《피터팬》에 등장하는 악당인 후크 선장의 의수를 떠올려 봅시다. 그리고 후크 선장이 갈고리 모양의 의수를 갑판 난간에 걸었다고 가정해 보세요. 앞쪽으로 당겨도 의수는 난간에 걸려서 빠지지 않습니다. 대각선 위, 대각선 아래 등 다양한 방향으로 잡아 당겨 봐도 웬만해서는 쉽게 빠지지 않을 것입니다. 유일한 방법은 손잡이에 걸 때 했던 동작을 그대로 반대로 하는 것입니다. 즉, 걸 때의 각도대로 빼면 쉽게 빠집니다. '고리를 걸 때의 움직임과 반대의 동작을 하면 뺄 수 있다'라는 것이 갈고리의 또 하나의 중요한 특징인 셈입니다.

이 원리를 이해하면 낚싯바늘이 갈고리처럼 되어 있는 이유도 납득이 갑니다. 바늘에 걸린 물고기는 앞으로(낚싯바늘이 빠지는 방향과 반대) 가려고 하기 때문에 움직이면 움직일수록 바늘

갈고리 모양의 물체는 '걸 때와 같은 각도'로 빼지 않으면 빠지지 않는다.

은 점점 더 몸속 깊은 곳까지 박힙니다. 한편 낚싯대를 들어 올린 사람은 손을 이용하면 바늘을 쉽게 뺄 수 있습니다.

바지 지퍼는 왜 절대 풀리지 않는 걸까?

갈고리가 쉽게 빠지지 않는 구조라고는 하지만 특정 각도로 당겼을 때 빠질 가능성이 있다면 양복이나 바지에 사용하기에는 불안감이 있습니다. 옷에 사용할 수 있으려면 한 번 걸고 난 후에는 어느 각도로 움직여도 풀리지 않아야 합니다.

일단 고리를 한번 걸고 나면 두 번 다시 빠지지 않는 방법이

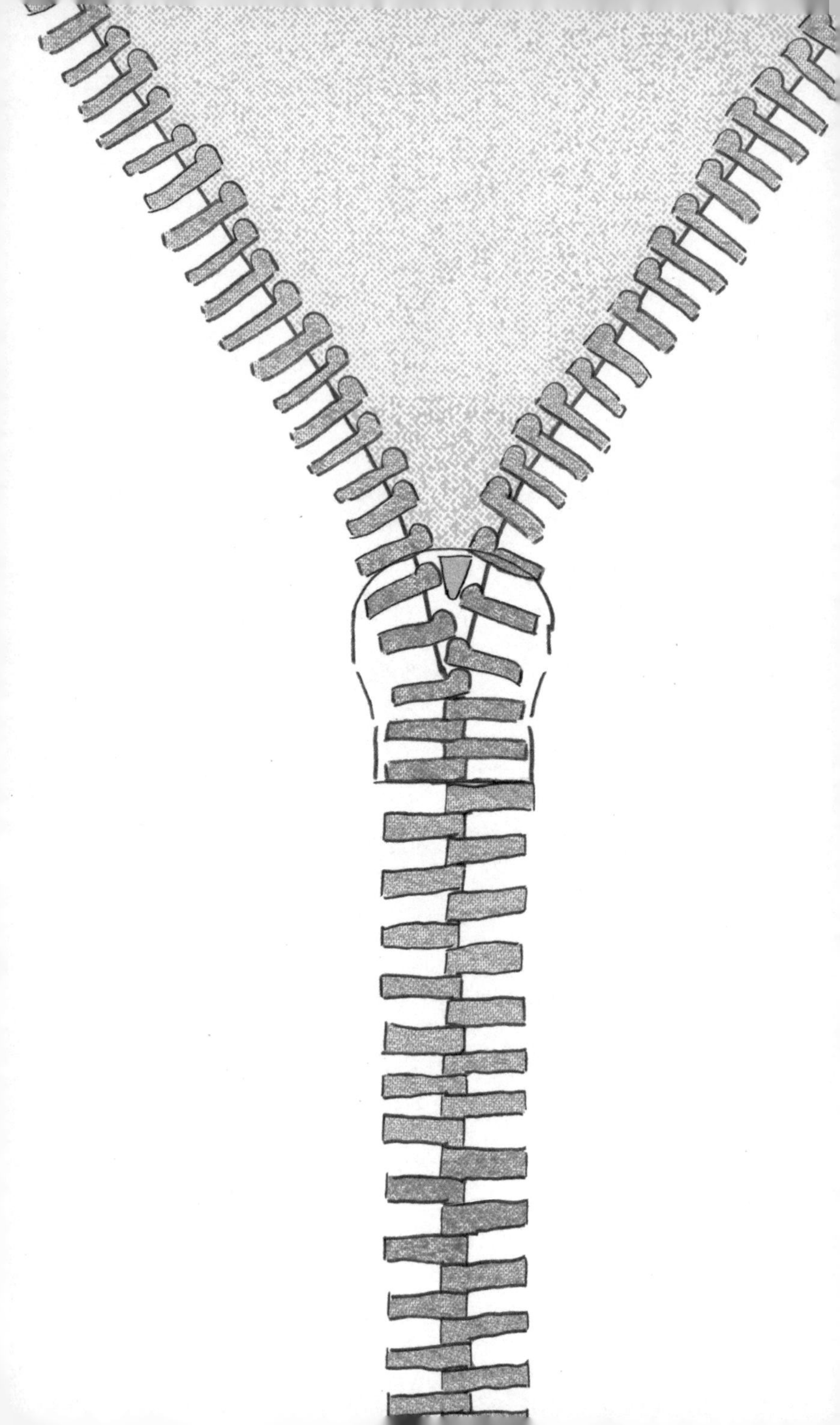

무엇일지 몇 가지를 생각해 봅시다. 우선 생각나는 방법은 고리를 건 후에 고리의 뚫려 있는 부분을 막는 것입니다. 작업용 로프에 달린 고리나 등산용 카라비너를 보면 잠금장치가 되어 있습니다. 고리를 건 후에 이러한 잠금장치로 고리의 입구 부분을 막아서 원 모양으로 만들면 빠질 위험이 없습니다. 이 외에도 빠지는 방향으로 돌아가지 않도록 고리를 고정해서 자유롭게 움직이지 못하게 하는 방법이 있습니다. 양복 등에 사용되는 띠 모양의 지퍼는 후자의 방법을 이용한 것입니다.

: 지퍼 손잡이에 숨겨진 비밀 :

지퍼는 손잡이를 올리면 잠기고 내리면 열립니다. 열린 지퍼를 자세히 보면 두 개의 열이 있고 각각 엘리먼트라고 불리는 갈고리 모양의 이빨이 늘어서 있습니다. 이 두 개의 열 사이로 슬라이더라고 불리는 손잡이가 왔다 갔다 하면서 좌우의 엘리먼트가 서로 맞물리고 떨어지게끔, 즉 자유자재로 열리고 닫히게끔 하는 구조입니다. 좌우의 엘리먼트를 서로의 틈새로 끼워 넣어서 고정함으로써 각각의 엘리먼트가 움직이지 않게

끔 고정시키는 것입니다.

더 자세히 설명해 보자면 이렇습니다. 한 줄로 늘어선 두 엘리먼트 사이에는 엘리먼트 하나가 들어갈 만큼의 공간이 있습니다. 슬라이더는 좌우 열을 끌어당겨서 각각의 엘리먼트를 조금씩 기울어지게 해 틈새에 하나씩 끼워 나갑니다. 일단 틈새에 딱 맞게 맞물리면 위아래 엘리먼트가 서로의 움직임을 방해해서 꼼짝달싹할 수 없게 되기 때문에 엘리먼트가 빠지는 방향으로 움직일 가능성은 없습니다. 특히 모든 엘리먼트는 천에 붙어 있기 때문에 사선이나 가로 방향으로 강하게 당기더라도 하나의 엘리먼트가 저절로 지퍼가 열리는 각도로 기울어지는 경우는 없습니다.

맞물린 엘리먼트를 빼는 방법은 단 하나밖에 없습니다. 후크 선장의 의수와 마찬가지로 지퍼를 닫을 때와 반대의 동작을 하면 됩니다. 슬라이더를 내리면 슬라이더 안의 돌기가 맞물려 있는 두 엘리먼트를 억지로 떨어뜨려서 엘리먼트가 맞물릴 때와 같은 각도를 만들어 줍니다. 이 각도가 유일하게 지퍼를 열 수 있는 각도입니다. 지퍼가 열리는 각도로 기울어진 엘리먼트는 왔던 길을 다시 돌아가듯 슬라이더 안에서 좌우 방향으로 갈라지면서 지퍼를 엽니다. 이렇게 슬라이더를 내리기

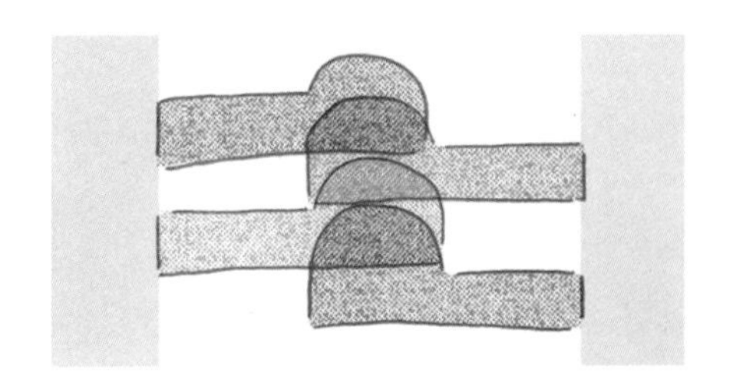

좌우 엘리먼트가 교차하며 비어있는 공간에 딱 맞게 맞물린다.

만 해도 서로 맞물려 있던 엘리먼트가 분리돼서 닫혀 있던 지퍼가 쉽게 열립니다.

: 꽉 끼는 바지를 입어도 지퍼가 망가지지 않는 이유 :

꽉 끼는 청바지를 힘겹게 입었을 때 간혹 지퍼가 망가지지 않을지 걱정됩니다. 그런데 의외로 아무런 문제도 발생하지 않습니다. 이것은 서로 맞물려 있는 좌우의 엘리먼트가 서로 같은 크기인데다가 반대 방향으로 힘을 줘서 움직임이 고정되기 때문입니다. 즉, 어느 한쪽을 강하게 당긴다고 해도 같은 힘이 반대로 작용하기 때문에 움직이지 않는 것입니다. 이처럼 두 개의 물체가 서로 영향을 주는 힘의 관계를 '작용 반작용의 법칙'[++]이라고 합니다. 이것은 뉴턴이 발견한 세 가지 법칙 중 하나입니다.

작용 반작용의 법칙은 두 개의 물체가 닿아 있을 때만 성립합니다. 예를 들어 벽에 부딪히면 내 몸이 벽을 밀어내는데, 동시에 반작용의 힘으로 인해 벽도 내 몸을 밀어냅니다. 눈에 보이지 않더라도 힘은 접촉한 물체 사이에서 발생하는 상호작용이기 때문에 벽에서 손을 떼면 그 순간 반작용의 힘도 사라집니다.

'상호작용'이라는 말은 어느 한 쪽의 힘이 더 크지 않다는 뜻입니다. 일본의 전통 스포츠인 스모에서 선수들이 몸을 부딪치며 밀어낼 때, 체격이 좋은 선수가 더 큰 힘으로 상대 선수를 미는 것 같아 보이지만 실제로는 그렇지 않습니다. 작용 반작용의 법칙에 따라 반드시 같은 힘이 서로에게 가해집니다. 몸집이 작은 사람이 더 멀리 날아가는 이유는 몸이 큰 사람보다 가볍기 때문입니다. 즉, 질량이 작아서 같은 힘이라도 더 쉽게 움직이는 것입니다. 닫힌 상태의 지퍼도 마찬가지입니다. 맞물린 엘리먼트들은 작용 반작용으로 인해 같은 힘을 받고 있습니다. 그래서 어느 한쪽을 세게 당기더라도 같은 힘이 반대 방향에도 작용하기 때문에 지퍼가 열리지 않는 것입니다.

작용 반작용의 힘이 상호작용하는 힘이라는 사실을 알면 다양한 시도를 할 수 있게 됩니다. 로켓 발사도 그중 하나입니다. 발사할 때 로켓의 추진력은 연료 가스의 분사로 지면을 밀어내고 지면에서 발생하는 반작용의 힘을 이용합니다. 이 때문에 지구에서 탈출할 때 필요한 추진력이 어느 정도인지 계산해서 그것과 같은 크기의 힘을 낼 수 있는 연료를 준비하면 로켓을 쏘아 올릴 수 있습니다. 지퍼도 로켓 발사도 우리 생활은 모두 상호작용의 힘으로 이루어져 있으니까요.

✦ 인류는 동물의 발톱이나 뿔에서 힌트를 얻어 고대부터 갈고리 모양의 도구를 만들어서 활용했습니다. 일본 최남단 오키나와의 사키타리 동굴 유적지에서는 2만 3천 년 전의 낚싯바늘로 추정되는 갈고리 모양의 조개 제품이 출토되었습니다. 중국에서도 기원전 500년의 전국시대에 무기로 사용되었다는 기록이 있습니다.

✦✦ 저자 중 한 명은 물리에 마음을 빼앗겼지만 성적이 좋지 않았던 고등학교 시절에 작용 반작용의 법칙 문제를 계기로 실마리를 찾기 시작했습니다. 그 문제는 바로 이것이었습니다.

말이 마차를 당기면 작용 반작용의 법칙으로 인해 마차는 같은 크기의 힘으로 말을 당깁니다. 따라서 말은 움직이지 않습니다.

물론 실제로는 말은 마차를 끌며 움직일 수 있습니다. 그렇다면 이 문장의 문제점은 무엇일까요? 독자분들도 한 번 생각해 보세요.

〈정답〉
말이 움직이는지 여부는 말이 받는 힘에 의해 결정됩니다. 말이 마차를 앞으로 당긴 만큼, 마차도 말을 뒤로 당깁니다. 그런데 마차가 그것보다 큰 힘을 받으면 앞으로 나아갑니다. 그 힘은 바로 지면에 의한 반작용의 힘입니다. 즉 마차가 말을 당기는 힘보다 큰 힘으로 지면을 밟고 그 반작용의 힘을 지면으로부터 받기 때문에 앞으로 움직이는 것입니다.

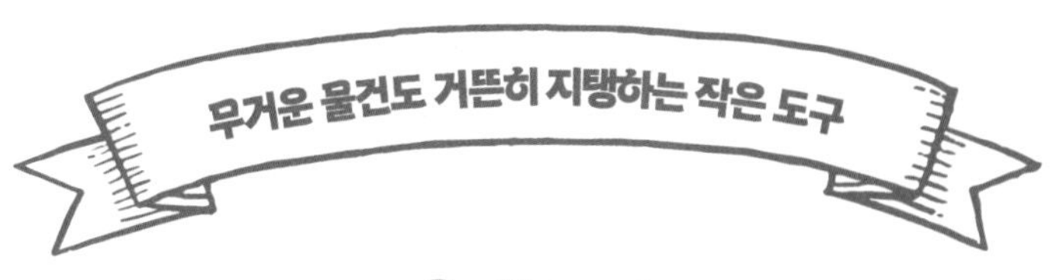

흡착판

#기압 #진공

접착제나 접착테이프는 물건을 붙일 때 사용하는 편리한 도구입니다. 하지만 욕실과 같이 물기가 많은 장소에서는 물 분자가 접착하는 분자의 작용을 방해하기 때문에 잘 달라붙지 않습니다. 그럴 때 도움이 되는 것이 흡착판✦입니다. 부드러운 고무와 같은 소재를 벽에 꾹 누르면 희한하게도 떨어지지 않고 붙어 있습니다. 흡착판은 벽에 흔적을 남기지 않으면서도 강력한 것은 약 10*kg* 정도, 즉 한 살 반 정도 연령의 아이까지는 떨어뜨리지 않고 버틸 수 있습니다.

흡착판이 접착제나 접착테이프로는 잘 붙지 않는 곳에도 잘 붙어 있는 이유는 공기의 힘 때문입니다. 도대체 눈에 보이지 않는 공기에 어떤 힘이 숨어 있는 것일까요?

: 우리를 사방에서 누르고 있는 대기의 힘 :

공기는 가볍다고 생각하기 쉽지만 모이면 꽤 무게가 나갑니다. 공기의 무게로 지상을 누르는 힘이 대기압(37쪽 참고)입니다. 대기압의 크기를 느낄 수 있는 간단한 실험을 소개하겠습니다.

우선 책상 위에 책받침을 놓습니다. 230쪽의 그림과 같이 책받침 중심에 테이프로 실을 고정하고 줄을 천천히 바로 위쪽으로 당겨 보세요. 책받침은 가벼운 물체인데도 쉽게 들어 올려지지 않을 것입니다. 대기압이 책받침의 면 전체를 아래쪽으로 누르고 있기 때문입니다.

그렇다면 여기서 알아야 할 것은 대기압은 아래 방향으로만 작용하지 않는다는 점입니다. 앞서 소개한 실험에서는 책받침이 바닥에 놓여 있어서 위쪽에만 공기가 있었지만 대기 중에

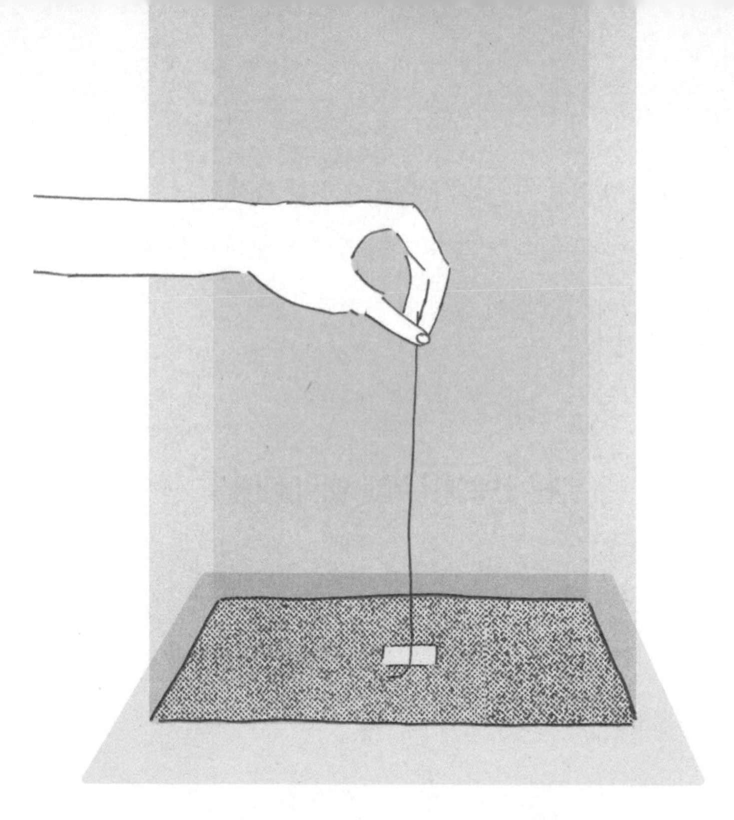

책받침에는 눈에 보이지 않는 대기압의 힘이 작용하고 있다.

있는 우리는 다양한 방향에서 공기의 힘을 받고 있습니다. 우리가 받고 있는 공기의 힘이 느껴지지 않는다면 물속에 들어갔을 때를 한번 떠올려 보세요. 물속에서는 물이 몸 전체를 미는 듯한 느낌을 받습니다. 이것은 돌아다니는 물 분자가 다양한 방향에서 우리의 몸을 밀고 있기 때문입니다. 마찬가지로 대기압도 접촉하는 모든 물체를 누르고 있습니다. 우리는 바다 밑이 아닌 대기의 밑에서 살아가고 있는 것입니다.

사방에서 큰 힘을 받으면 부서지지는 않을까 불안하겠지만, 괜찮습니다. 우리의 몸은 외부 공기나 물 분자의 압박을 받더라도 체내 수분 등이 같은 힘으로 밀어내기 때문에 절대 부서지지 않습니다.

바람이 부는 원리와 흡착판의 원리는 같다?

공기는 산소나 질소 등이 섞인 기체로 구성되어 있습니다. 기체 분자는 공중을 자유롭게 날아다닙니다. 다만, 기온이나 고도 등 다양한 이유로 인해 밀도는 균일하지 않습니다. 공기가 따뜻해지거나 차가워지면 부분적으로 기체 분자의 밀도가 높은 곳과 낮은 곳이 생깁니다. 밀도가 높은 공기는 '공기 입자가 촘촘하게 모여있는 상태'이기 때문에 조금이라도 비어 있는 쪽, 즉 밀도가 낮은 쪽으로 움직이는데, 이것이 바로 바람입니다(55쪽 참고).

밀도가 높은 공기와 낮은 공기 사이를 구분하는 막을 만들

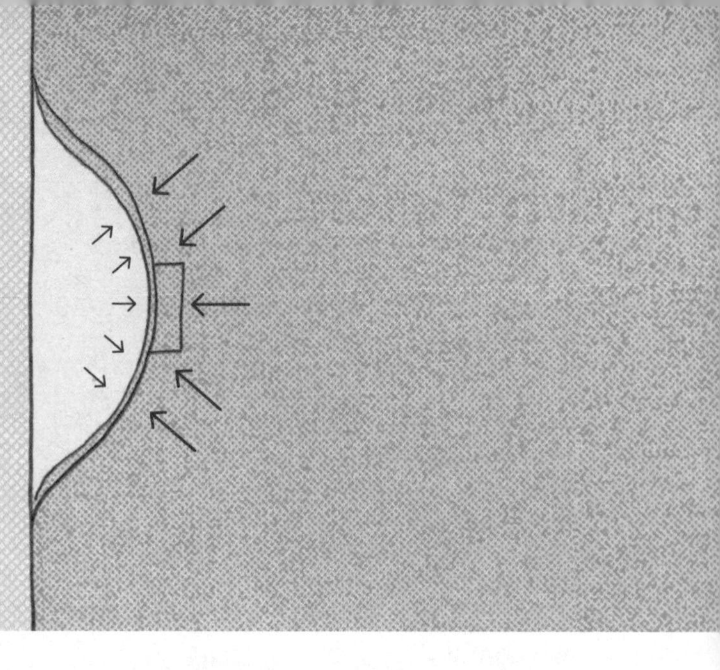

흡착판은 안팎의 기압차로 인한 대기압의 힘을 이용해 벽에 달라붙어 있다.

어서 공기가 이동하지 못하게 하면 밀도가 높은 공기는 그 구분 막을 세게 누릅니다. 흡착판은 이 공기의 성질을 이용해서 벽에 붙어 있는 것입니다. 흡착판을 꾹 하고 벽에 누르면 흡착판과 벽 사이에 있던 공기는 밖으로 밀려납니다. 그대로 흡착판을 빈틈없이 딱 붙여서 외부의 공기가 들어오지 못하게 하면 흡착판과 벽 사이에는 주변보다 공기의 밀도가 훨씬 낮은 공간이 생깁니다. 그리고 흡착판 주변의 공기는 어떻게든 그 공간에 들어가려고 흡착판을 계속해서 누르게 됩니다. 이렇게 흡착판은 안쪽과 바깥쪽 공기의 밀도 차를 크게 해서 항상 외부 공기가 흡착판을 밀도록 하는 도구입니다.

: 공기가 없는 상태란 무엇일까? :

그렇다면 공기가 없는 상태란 어떤 상태를 의미할까요? 공기를 모두 빼내면 진공 상태가 되는데, 진공 상태는 공기와 같은 기체가 전혀 없는 상태를 말합니다. 물론 이론상으로는 그렇지만, 현실에 그러한 완벽한 진공 상태는 존재하지 않습니다. 우주 공간에서조차도 은하계 내에는 별과 별 사이에 먼지나 수소, 질소, 메탄 등의 다양한 기체가 존재하고 은하계 외부로 나가더라도 주변 1m 이내에 특정 원자가 하나 정도는 있을 것으로 추측되고 있습니다.

그렇다면 진공 팩이나 진공관의 진공은 어떤 상태를 의미할까요? 그것은 어디까지나 '극단적으로 공기가 적은 상태', 즉 공기 밀도가 매우 낮은 상태를 의미합니다. 진공 상태로 간주하는 기준은 압력의 단위인 파스칼을 사용한 진공도로 구분합니다. ISO(국제표준화기구)의 정의에 따르면 고진공은 0.1파스칼

이하라고 합니다. 우리가 생활하는 땅 위의 대기압이 10만 파스칼 정도라는 점을 생각하면 '거의 텅 빈 상태'라고 해도 될 정도로 공기의 밀도가 매우 낮습니다.

: 진공 상태를 만드는 폰 게리케의 실험 :

인류는 언제부터 공기를 제거하려 했을까요? 고대 그리스 시대의 철학자 아리스토텔레스는 공간은 반드시 물질로 채워져 있어서 '진공 상태는 존재하지 않는다'라고 말했습니다. 이러한 주장은 이후 2000년 동안 이어졌는데, 17세기에 기압계와 펌프가 발명되자 이를 계기로 용기에서 공기를 최대한 빼내 진공에 가까운 상태로 만들려는 연구가 활발하게 이루어졌습니다.✦✦

최초로 이 실험에 성공한 인물은 독일의 과학자 오토 폰 게리케Otto von Guericke였습니다. 폰 게리케는 수동으로 공기를 빼는 펌프를 만들었습니다. 처음에는 맥주 통을 진공 상태로 만들려고 했지만, 틈이 많은 목제 맥주 통으로는 진공 상태를 만들기가 쉽지 않았습니다. 연구를 거듭한 결과, 기체가 잘 통하지 않는 구리로 만든 지름 40㎝ 정도의 반구 두 개를 붙여서 안이 비어 있는 구를 만들고, 수동 펌프로 안에 있는 공기를 대부분 제거하는 데에 성공했습니다. 그러자 구 안쪽이 진공에 가깝게 변해 반구끼리 딱 붙어서 거의 움직이지 않게 되었습니다. 안팎의 기압 차로 인해 강력한 흡착판이 만들어진 것입니다.

폰 게리케는 이를 독일의 황제 앞에서 정식으로 선보였는데 이것이 그 유명한 '마그데부르크 반구 실험'입니다. 무려 각각의 반구를 16마리의 말(1t 이상의 무게에 해당하는 힘)이 반대 방향으로 잡아당겼는데도 떨어지지 않았습니다. 지금 생각해도 신기한 일이니, 당시 사람들은 이 광경을 보고 놀라움을 금치 못했을 것입니다.

우리가 평소에 사용하고 있는 흡착판과 벽 사이의 공기 밀

도는 주변 밀도의 20% 정도입니다. 진공까지는 아니지만 공기가 80% 줄어든 상태에서도 선반을 매달 수 있을 정도이니 공기의 힘을 우습게 봐서는 안 될 것 같습니다.

: 우주 공간에서 흡착판을 붙이면 어떻게 될까? :

폰 게리케의 실험이 보여 주듯이 흡착판 내부 공기가 진공 상태에 가까울수록 외부에서 흡착판을 미는 힘도 강해지기 때문에 흡착판은 더 강력하게 붙습니다.

그렇다면 공기가 거의 없는 진공 상태에서 흡착판을 벽에 붙이면 어떻게 될까요? 문어는 우주 공간에서 다리의 흡착판을 사용해 몸을 지탱할 수 있을까요? 이는 현실에서는 불가능합니다. 대기가 없으면 흡착판을 미는 주변 공기가 없기 때문입니다. 도구의 흡착판도 문어의 흡착판도 우주 공간에서는 아무런 역할을 하지 못합니다.

대기가 있는 지구에서도 흡착판 안쪽과 바깥쪽의 공기 밀도 차이가 있을 때만 벽면에 잘 붙어 있을 수 있습니다. 흡착판과 벽 사이에는 조금이라도 틈이 생기면 바로 외부 공기가 들어

와서 기압이 같아지기 때문에 흡착판은 벽에서 맥없이 떨어집니다. 공기 분자는 작은 오염 물질이나 굴곡에 의한 작은 틈도 놓치지 않습니다. 공기 분자가 오염 물질의 분자보다 훨씬 작기 때문입니다.

✦ 흡착판은 자연 속에도 존재합니다. 문어나 빨판상어 등 물속에서 생활하는 동물에게 흡착판이 있으며, 몸을 고정하기 위해 사용합니다. 도마뱀붙이의 발끝은 흡착판처럼 보이는데 고배율의 현미경으로 관찰하면 무수히 많은 극세모가 있고 그것의 분자간력(분자끼리 당기는 힘) 때문에 벽 등에 붙을 수 있다는 사실이 밝혀졌습니다. 또 오징어 다리에도 흡착판처럼 보이는 것이 달려 있는데 자세히 보면 갈고리 모양을 하고 있어 걸어서 고정하는 방식입니다.

✦✦ 17세기 이후 진공 펌프는 크게 유행했습니다. 초기 근대 과학의 양상을 풍경이나 인물로 표현했던 영국의 화가, 조셉 라이트Joseph Wright의 작품 중에 지식인층의 살롱 풍경을 그린 〈공기 펌프 실험〉이라는 제목의 미술 작품이 있을 정도입니다.

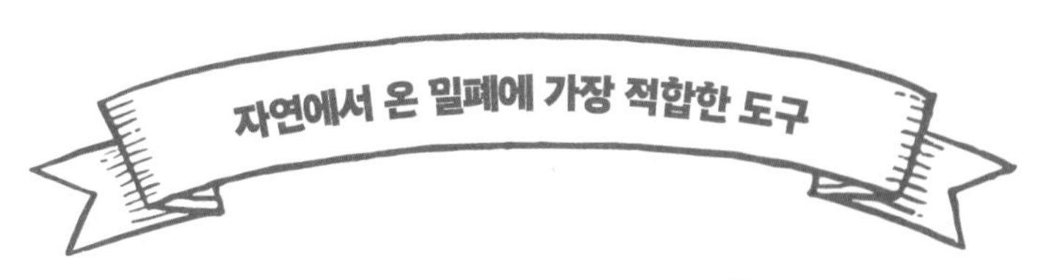

코르크 마개

#세포 #탄성

와인이나 샴페인 병에 딱 맞게 들어가 있는 코르크 마개를 깔끔하게 잘 열기는 쉽지 않습니다. 코르크는 고대 그리스 로마 시대에 이미 항아리나 통의 마개, 건축 자재나 낚시찌 등에 사용되었지만 당시에는 그다지 관심을 끌지 못하다가 16세기에 와인 병의 마개로 사용되면서 크게 주목받기 시작했습니다. 유리로 된 병에 생물에서 유래한 코르크를 끼워서 밀봉 상태를 만드는 것은 생각해 보면 희한한 일입니다. 과연 코르크에는 어떤 비밀이 숨겨져 있는 것일까요?

: 현미경으로 코르크의 구조를 관찰한 과학자 :

코르크라고 하면 떠오르는 인물이 있습니다. 영국의 과학자 로버트 훅입니다. 《뉴턴에 의해 지워진 남자, 로버트 훅ニュートンに消された男 ロバート·フック(국내 미출간)》이라고 하는 다소 자극적인 제목의 책이 있다는 사실을 알고 있나요? 저자는 서스펜스 작가가 아닌 과학자로 이 책은 엄연히 과학사에 관한 책입니다. 성격이 급했던 훅은 타인과의 논쟁이나 충돌이 끊이지 않았고 특히 뉴턴과는 많은 주제로 대립했던 견원지간이었습니다.

훅의 이름은 스프링의 탄성에 관한 훅의 법칙(210쪽 참고)을 설명할 때 나와서 기억하는 사람도 있을 것입니다. 그런데 그의 이름이 알려진 데는 1665년에 간행된 현미경을 통한 관찰 기록 《마이크로그라피아Micrographia》✦의 영향도 컸다는 사실을 잊어서는 안 됩니다. 《마이크로그라피아》에는 훅이 현미경으로 관찰해서 기록한 정밀한 스케치 도판이 여러 개 실려 있습니다. 그중에서도 유명한 것이 코르크의 얇은 조각을 묘사한 그림입니다. 훅은 현미경을 통해 코르크의 조각 안에 1in^3(약 16cm^3)당 약 12억 개의 '작은 방'이 있다는 사실을 발견했고 그것을 '세포cell'라고 표현했습니다. 이 때문에 세포를 발견한 사람이라고도 평가받고 있습니다. 생물학적으로 봤을 때 훅이 세포를 발견했는지는 명확하지 않지만, 세포가 다른 식물에도 있다는 사실을 발견했고 모든 생물은 세포로 이루어져 있다는 세포설을 확립하는 데 중요한 역할을 했다는 사실은 틀림없습니다.

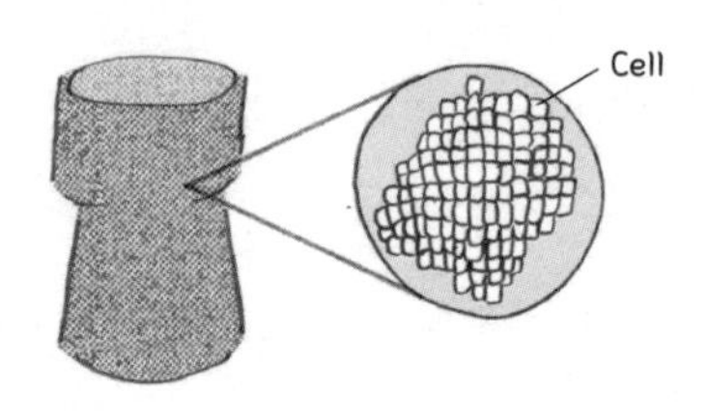

최근에 훅에 대한 연구가 이루어지면서 그가 물리학에서도 뉴턴에 뒤지지 않을 만한 성과를 냈다는 사실이 밝혀졌습니다. 다만, 나이가 어린 뉴턴이 훅의 사망 후에 그가 남긴 다양한 업적이나 연구 자료를 없애 버렸기 때문에 지금은 초상화조차도 남아 있지 않습니다. 앞에서 소개했던 책의 제목대로 '지워진 남자'인 것입니다. 뉴턴도 너무 옹졸하다는 생각이 듭니다. 그래도 코르크 그림이 역사적으로 사라지지 않고 남아 있었다는 사실이 얼마나 다행인지 모릅니다. 코르크 마개가 완벽하게 밀폐되는 이유는 바로 코르크의 구조 때문이니까요.

: 코르크의 구조는 왜 병을 밀폐시키기에 적합할까? :

코르크란 주로 코르크참나무라고 하는 나무에서 벗겨 낸 나무껍질을 가공한 것입니다. 나무가 성장하면서 줄기의 중심에 있는 세포는 점점 주변으로 밀려나고 결국에는 줄기의 가장자리에 해당하는 표피층에 코르크 형성층이 만들어집니다. 코르크 형성층에서는 식이섬유의 주성분인 셀룰로스로 만들어진 세포벽에 수베린이 주성분인 코르크질이라고 불리는 물질이

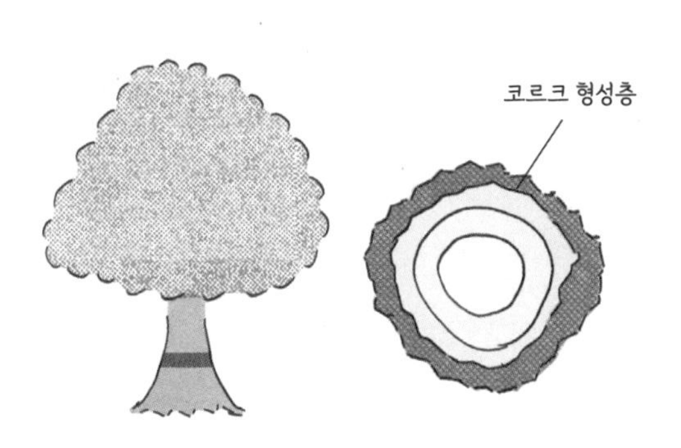

들러붙으면서 고무와 같이 탄력 있는 코르크 조직이 만들어집니다. 세포벽이 코르크 조직화하면 세포는 죽어서 수분을 잃게 되고, 그 공간은 물 대신에 공기로 가득 찹니다. 이렇게 만들어진 것이 코르크입니다.

물체에는 외부에서 힘을 가하면 변형되고 그 힘이 없어지면 원래 모양으로 돌아가려는 탄성(85쪽 참고)이 있습니다. 분자가 자유롭게 공간을 돌아다니는 기체는 액체와 비교해서 밀도가 낮아 비어 있는 상태이기 때문에 누르면 쉽게 분자와 분자 사이를 압축할 수 있습니다. 반면 기체와 비교해 밀도가 높은 액체는 이렇게 할 수 없습니다. 따라서 수분으로 가득 차 있는 식물의 세포는 강하게 누르면 망가지고 원래대로 돌아가지 않습니다.

한편 코르크는 세포의 작은 방 속이 수분이 아니라 공기로 채워져 있기 때문에 탄성이 큽니다. 스펀지나 식빵을 생각하면 쉽게 이해할 수 있을 것입니다. 코르크 안에는 수많은 공기 구멍이 있어서 탄성이 큽니다. 압축한 코르크를 와인이나 샴페인 병에 밀어 넣으면 코르크는 원래 형태로 돌아가려고 하기 때문에 구멍에 딱 맞게 되고 기체가 잘 통하지 않는 마개가 됩니다.

: '와인은 호흡한다'라는 말은 사실일까? :

예로부터 '와인은 호흡한다'라는 말이 있습니다. 그래서인지 기체가 실제로 코르크를 통과하는지를 두고 종종 논쟁이 벌어지곤 합니다. 과연 실제로는 어떨까요? 안이 비어 있는 세포의 집합체인 코르크는 기체를 많이 포함하기 때문에 왠지 통기성도 좋을 것 같습니다.

사실 여기에도 코르크의 생물 유래 구조의 비밀이 숨어 있습니다. 코르크의 주요 성분인 수베린은 왁스와 성질이 비슷해서 물과 섞이지 않고 수분이 조직에 투과하는 것을 막는 역할을 합니다. 게다가 코르크의 작은 공간은 복잡하게 겹쳐 있어서 여러 겹의 방어벽이 있는 것과 마찬가지인 상태입니다. 이것들이 공기 중의 먼지나 균 등의 큰 입자뿐만 아니라 공기 분자나 수증기 등의 작은 입자의 출입도 거의 차단한다고 볼 수 있습니다.

유명한 와인 메이커인 리처드 G. 피터슨Richard G. Peterson은 샴페인이나 스파클링 와인을 예로 들며 와인은 코르크 마개를 통해 호흡하지 않는다고 주장했습니다. 그는 '샴페인 등의 병 안에는 열 때 마개가 날아갈 정도의 내압(주변의 기압은 1 정도이

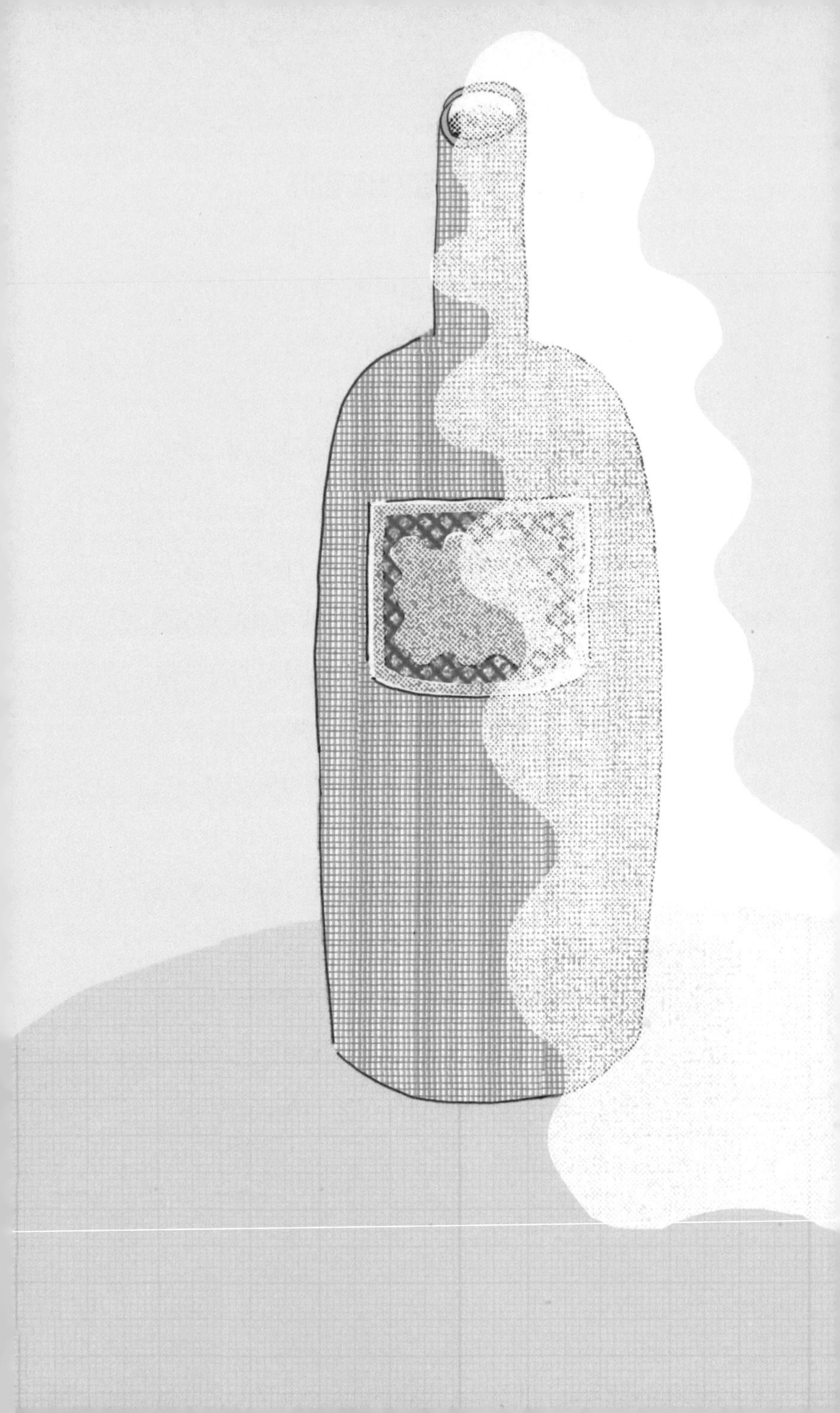

기 때문에 그 몇 배에 달하는 기압)이 존재하며 그 이유는 코르크를 통해 이산화탄소가 빠져나오지 않기 때문'이라고 말했습니다. 즉, 그만한 압력을 가해도 코르크 마개 틈 사이를 이산화탄소 분자가 거의 통과하지 못한다는 것입니다. 다만, 코르크는 어디까지나 자연에서 온 소재를 이용한 것입니다. 수베린 등의 복잡한 분자로 이루어진 여러 겹의 벽이 있다고는 하지만 그 틈새는 미로와 같습니다. 기체 분자는 매우 작아서 자유롭게 돌아다닐 수 있기 때문에 분자의 출입을 완벽하게 차단할 수는 없습니다.

조금 다른 이야기이지만, 질량의 단위인 킬로그램을 정의하기 위해 만들어진 국제 킬로그램 원기(백금과 이리듐의 합금으로 이루어진 원통 모양의 금속으로 질량 1*kg*을 나타내는 기준이 된다-옮긴이)는 이중 밀폐 용기에 진공 상태로 보관되었습니다. 그런데

도 1년에 0.000001g 정도 무게가 늘어났습니다. 그 이유는 외부에서 이물질이 유입되어 부착되었기 때문이라고 추정하고 있습니다. 엄격한 보관 조건을 유지했음에도 불구하고 기체 분자를 차단하지 못한 것입니다. 최근에는 더 정밀한 기준이 필요해졌기 때문에 킬로그램 원기는 2019년에 130년 동안의 역할을 마치고 폐기되었습니다. 인공적인 물체도 이런데 자연에서 온 소재에 '절대'라는 말을 붙이기에는 무리가 있습니다.

완전하지는 않지만 코르크 마개가 밀폐성이 매우 높은 것은 확실합니다. 식물로 만든 코르크는 오랜 시간 변화하지 않고 안정된 밀폐 상태를 유지합니다. 자연 소재의 특성을 파악해서 도구로 활용한 고대 사람들의 유연한 사고는 오늘날에도 배울 점이 많습니다.

✦ 《마이크로그라피아》에는 인간 능력을 보조하는 도구에 관한 이야기, 발명된 지 얼마 되지 않은 현미경으로 들여다본 미시 세계의 정밀한 스케치들, 현미경이 아닌 망원경을 통해 관찰해 온 하늘의 별들까지 다양한 이야기가 펼쳐져 있습니다.

보온병

#열 #분자 #운동

보온 기능이 있는 물통이나 포트는 '보온병'이라는 이름으로도 불립니다. 뜨거운 물을 넣어도 쉽게 식지 않도록 온도를 유지해 주기 때문입니다. 보온병은 열의 본질을 활용한 도구입니다. 과학자들은 앞서 다룬 빛이나 전기와 마찬가지로 열에도 흥미를 가지고 열이란 무엇인지 오랫동안 탐구해 왔습니다. 열을 연구한 과학의 역사를 돌아보면서 보온병의 비밀을 살펴봅시다.

: 특명! 열의 정체를 파헤쳐라! :

18세기에는 이미 온도계나 증기 기관 등 열과 관련된 기술이 발전했지만 과학자들은 정작 중요한 '열이란 무엇인가'에 대한 답을 찾지 못했습니다. 고대 그리스 시대부터 존재했던 '물체는 원자나 분자라고 하는 작은 입자로 이루어져 있다'라는 주장이 18세기 초에 다시 폭넓은 지지를 받게 되었고 산소나 수소와 함께 '열소caloric'라고 하는 원소가 있다고 여기게 되었습니다. 열소를 제창한 사람은 프랑스의 화학자, 앙투안 로랑 라부아지에Antoine Laurent Lavoisier입니다. 라부아지에는 물체는 열소가 들어가면 따뜻해지고 열소가 나가면 식는다고 생각했습니다.

그러던 중에 미국의 물리학자 럼퍼드 백작(본명-벤저민 톰프슨Benjamin Thompson)이 '열소설caloric theory'에 이의를 제기했습니다. 럼퍼드는 대포를 만드는 과정에서 포의 몸통을 깎을 때 물을 부어서 계속 식히지 않으면 안 될 정도로 뜨거운 열이 발생하는 상황에 착안했습니다. 그리고 포의 재료를 깎는 작업이 포 안에 있는 무언가를 활발하게 움직이게 한다고 생각했습니다. 그리고 그러한 활발한 운동이 열과 관계가 있을 것이라고 추측했습니다. 마침내 럼퍼드는 1798년에 열의 정체는 열소가 아니라 물체 안의 운동에 의한 것이라는 '열의 운동설'을 발표했습니다.

: 열의 정체는 물질? 아니면 운동? :

이듬해인 1799년에는 영국의 화학자 험프리 데이비Humphrey Davy가 열의 운동설을 뒷받침할 만한 실험을 통해 럼퍼드의 이론을 지지했습니다. 데이비는 밀폐된 용기 안을 진공 상태, 즉 아무것도 없는 상태로 만들어 그 안에서 얼음이 서로 부딪치게 하는 실험을 했습니다. 그 결과 아무런 물질이 드나들지 않았는데도 얼음이 녹은 것을 보고 데이비는 '열은 특별한 물질이 아니라 일반적인 물질의 운동이다'라고 주장했습니다. 다만 당시에는 물건을 문지를 때 발생하는 발열 이외의 현상을 열의 운동설로는 잘 설명할 수 없었습니다.

그 후에도 열에 관한 연구는 계속되었고, 1843년에 영국의 물리학자 제임스 프레스콧 줄James Prescott Joule은 물을 격렬하게 휘저은 후 온도를 측정하는 실험을 했습니다. 휘젓는 강도에 따라 물의 온도가 얼마나 올라가는지를 측정한 것입니다. 그 결과, 휘저어서 외부에서 공급한 운동에너지와 물의 온도 변화량 사이의 비율은 항상 일정하다는 사실을 알게 되었습니다.

이렇게 운동과 열의 상관관계가 수치로 확인되었고 럼퍼드가 주창한 열의 운동설은 확고한 사실이 되었습니다. 럼퍼드가 알아차리지 못했던 물체 안의 '무언가'가 원자와 분자라는 사실을 오늘날에는 모두가 알고 있습니다. 열의 정체는 '원자와 분자의 운동'이었던 것입니다.

섭씨 온도(℃)는 언제부터 쓰이기 시작했을까?

열과 온도는 깊은 관련이 있습니다. 전 세계의 공통적인 온도 기준이 만들어지기 전까지는 소의 체온이나 버터가 녹는 온도 등 각지에서 다양한 온도 기준이 사용되었습니다. 그러다 1742년에 스웨덴의 천문학자 안데르스 셀시우스Anders Celsius가 얼음이 녹는 온도를 0도, 물이 끓는 온도를 100도라고 정하고 그 사이를 100등분 해서 하나를 1도라고 하는 '섭씨온도(Celsius의 머리글자를 딴 기호 '℃'를 사용한다)'를 제창했습니다. 섭씨온도는 세계 표준이 되어 오늘날에도 사용되고 있습니다.

열이 분자의 운동이라는 사실이 밝혀지고 나서 온도는 '분자가 얼마나 격하게 운동하는지를 나타내는 수치'로 정의되었습니다. 분자는 눈에 보이지 않지만 온도가 높으면 분자가 활발하게 움직이고 온도가 낮으면 분자가 잘 움직이지 않는다고 생각한 것입니다.

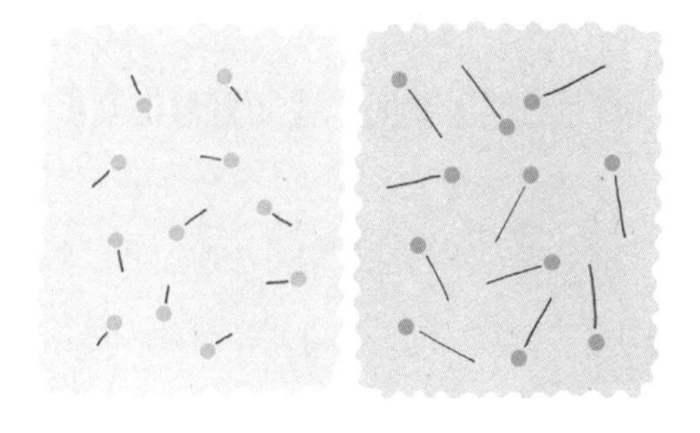

온도가 낮으면 분자의 움직임이 크지 않고(왼쪽) 온도가 높으면 분자의 움직임이 활발해진다(오른쪽).

온도가 낮아질수록 분자의 움직임은 조금씩 둔해지고 결국에는 분자의 움직임이 멈추게 되어 더 이상 온도가 내려가지 않습니다. 이 온도를 '절대 영도'라고 합니다. 섭씨온도로는 -273℃입니다. 태양의 표면 온도가 몇만 도에 이르는 반면에 온도의 하한선은 그렇게까지 낮지 않은 것이 신기합니다. 절대 영도를 기준으로 한 온도는 '켈빈 온도'라고 불리며 켈빈[K]이라는 단위로 나타냅니다. 켈빈 온도의 1도 간격은 섭씨온도와 같기 때문에 얼음이 녹는 온도는 273*K*, 물이 끓는 온도는 373*K* 입니다.

: 따뜻한 찻잔을 감싸면 손도 따뜻해지는 이유 :

그럼 이제 보온병의 이야기로 넘어가겠습니다. 우리가 따뜻한 것을 만졌을 때 닿은 손도 함께 따뜻해지는 이유는 분자의 활발한 움직임이 손에 전달되기 때문입니다. 예를 들어 차가운 손으로 따뜻한 차가 담긴 찻잔을 감쌌다고 생각해 봅시다. 활발하게 움직이는 차의 분자는 차와 찻잔의 경계선에서 찻잔의 분자와 세게 부딪히면서 찻잔의 분자를 움직이게 합니다. 이러한 작용으로 인해 움직임이 활발해진 찻잔의 분자는 이번에는 찻잔과 손의 경계선에서 손의 분자를 움직입니다. 이렇게 마치

연쇄 충돌처럼 열, 즉 분자 운동이 전달되어 결과적으로 찻잔을 감싼 손이 따뜻해집니다.

외부의 작용이 없는 한 분자도 현재의 운동 상태를 유지하려고 하는 '관성의 법칙'(190쪽 참고)을 따릅니다. 즉, 활발하게 움직이고 있는 분자는 주변에 열을 전달할 상대 분자가 없을 때 열을 전달하지 않는 대신 계속해서 활발한 상태를 유지합니다. 이러한 현상에 주목한 것이 영국의 물리학자 제임스 듀어James Dewar입니다. 듀어는 분자가 거의 없는 진공에 가까운

상태에서는 열이 전달되지 않는다고 가정했습니다.✦

그래서 듀어는 1873년에 유리 용기를 이중 구조로 설계하여 그 사이를 진공 상태로 만든 '듀어병'을 발명했습니다. 듀어병은 지금도 과학 실험 등에서 액체 질소를 운반할 때 사용됩니다. -196℃의 액체 질소를 넣은 용기는 가죽 장갑을 껴야 겨우 몇 분 들 수 있을 정도로 초저온이지만 듀어병에 넣으면 맨손으로 잡을 수 있습니다. 이 듀어병이야말로 보온병의 원조라고 할 수 있습니다.

보온병은 원래 실험용 용기에서 왔다?

듀어는 1893년에 왕립연구소에서 일반인을 대상으로 한 강연에서 듀어병을 선보였습니다. 관중 앞에 모습을 드러낸 병에는 아름다운 하늘색 액체 질소가 담겨 있었습니다. 듀어가 마개를 비틀자 이중 구조로 되어 있던 안쪽 병과 바깥쪽 병 사이로 순식간에 공기가 들어가면서 끓는 점이 -183℃인 액체 질소가 부글부글 소리를 내며 끓기 시작했고 그 자리에 있던 사람들을 깜짝 놀라게 했다고 합니다.

이렇게 열을 전달하지 않는다는 사실이 확인된 듀어병이지만, 액체는 기체로 변할 때 부피가 커지기 때문에(물은 기체가 되면 부피가 액체의 1700배가 된다) 뚜껑을 닫을 수 없었습니다. 하지만 뜨거운 물을 보관하는 데에만 사용하면 부피 변화는 거의 없습니다. 이 점에 착안한 독일의 유리 장인, 라인홀트 부르거Reinhold Burger는 1904년에 듀어병과 같은 구조의 병에 뚜껑을 달아서 가정용으로 상품화했습니다.

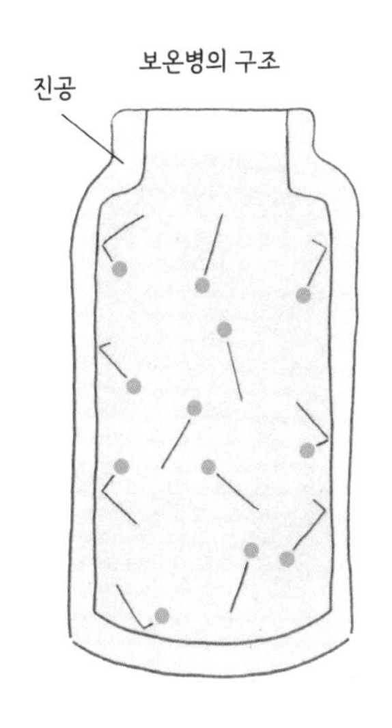

바깥쪽 병과 안쪽 병 사이를 진공 상태로 만들면 활발한 분자의 움직임이 밖으로 전달되지 않아서 따뜻한 상태가 유지된다.

예전에는 유리였던 보온병도 지금은 거의 스테인리스 소재를 사용해 튼튼하고 작아졌습니다. 제조업체에 따르면 끓는 물을 넣고 6시간이 지나도 70℃ 이상의 온도가 유지된다고 합니다. 30℃ 정도의 실온에 방치된 100℃의 물이 10분 후에 70℃ 정도가 된다는 점을 생각하면 보온성이 얼마나 높은지 알 수 있습니다.

따뜻한 차가 담긴 찻잔을

손으로 감싸고 숨을 내쉴 때 '아, 차의 분자가 찻잔의 분자를, 찻잔의 분자가 손가락의 분자를 응원하며 밀어주고 있구나'라고 생각해 보세요. 그렇게 생각하다 보면 분명 마음의 분자도 활발하게 움직일 것입니다.

✦ 열의 이동은 분자의 운동이 전달되는 것입니다. 열은 온도가 높은 곳에서 낮은 곳으로 이동합니다. 그 반대 방향은 있을 수 없습니다. 즉, 열의 이동은 '비가역 변화'(74쪽 참고)입니다. 온도가 낮은 물체가 갑자기 따뜻해지는 일은 없다는 의미입니다.

우리 주변에 있는 열은 항상 이동합니다. 열의 이동을 이용한 기계를 '열기관'이라고 부릅니다. 대표적인 열기관인 증기 기관의 등장은 산업 혁명을 이끌었습니다. 가장 간단한 증기 기관은 물이 끓을 때 뚜껑이 올라가는 주전자입니다. 뚜껑이 올라간 틈 사이로 증기가 빠져나가 차가운 외부 공기와 닿게 되면 증기의 온도가 내려가고 압력이 낮아져 뚜껑이 원래 자리로 돌아가는 것을 반복합니다. 화력 발전소도 고온의 증기로 터빈을 돌려 발전하기 때문에 열기관의 일종입니다.

공상 과학 영화나 소설에는 지구의 온도가 내려가 모든 것이 얼어붙고 인류가 멸망하는 이야기가 자주 나오는데, 물리에서는 지구의 종말이 빙하기와 같은 극한의 추위가 아닙니다. 물리적으로 지구의 종말은 전 세계 모든 곳이 같은 온도가 되는 상황입니다. 그렇게 되면 열의 이동이 없어지기 때문에 열기관이 작동하지 않습니다. 전기로 움직이면 된다고 생각할지 모르지만 전기를 생산하기 위한 화력 발전소도 가동할 수 없습니다. 애초에 우리의 몸 자체가 하나의 열기관이라고도 생각할 수 있기 때문에 전 세계가 같은 온도가 되면 생명을 유지하기도 힘들어집니다. 하지만 걱정하지 마세요. 어디까지나 물리적인 이론으로 생각하면 그렇다는 말이지 현실적으로는 불가능한 상황입니다.

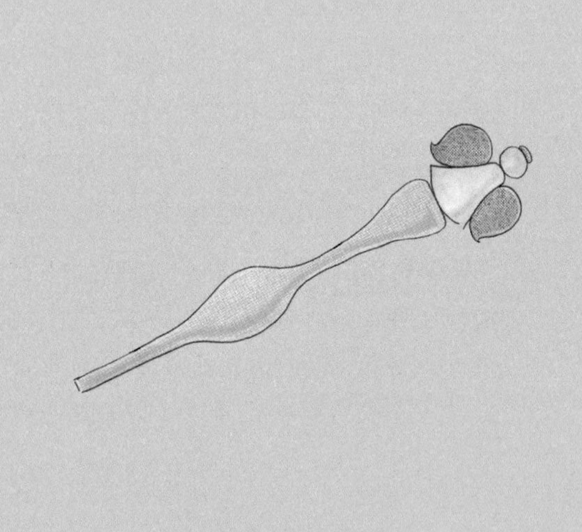

5장

옮기는 도구

옮기는 도구의 발전과 함께 인류의 삶이 윤택해졌다고 해도 과언이 아닙니다. '콩을 입안에 넣기 위한' 작은 목표에서부터 '멀리 떨어진 별에 사람을 보내기 위한' 큰 야망까지, 지금은 모든 소망을 이뤄 주는 운반 도구가 존재합니다. 물건을 옮기려는 행위에는 시공간을 제어하고 싶다는 인간의 욕망이 고스란히 담겨 있는 것 같습니다. 그 뿐만 아니라 물건을 이동시키는 행위는 물리 법칙과 떼려야 뗄 수 없는 관계이기도 합니다. 이 장에서는 다양한 물건을 움직이기 위해 고안된 도구들을 살펴보겠습니다.

바퀴

#마찰 #관성 #회전

트럭이나 화물차가 없었던 아주 오랜 옛날, 사람이 들어서 옮기기에 크고 무거운 나무나 돌은 일단 많은 사람이 함께 밀거나 줄을 걸어서 당기는 방식으로 운반했습니다. 둥근 물건은 굴려서 옮겼을 수도 있습니다. 어떤 방법을 사용하든 사실 매우 힘든 일이었기 때문에, 더 쉽게 물건을 옮기기 위해 발명된 것이 바로 바퀴입니다. 바퀴가 없었다면 지금처럼 많은 사람과 물건을 쉽게 옮기지 못했을 것입니다.

어떻게 물건을 쉽게 옮길 수 있을까?

옮기는 행위는 물건을 움직이는 일입니다. 물건을 움직인다는 것은 물리의 관점에서 보면 '들어 올리는 행위'와 '수평으로 옮기는 행위'로 나눌 수 있습니다. 물체를 들어 올려서 움직일 때는 물체에 작용하는 중력과 비슷한 힘을 써서 위로 올려야 하는데 일단 들어 올리고 나면 그 이후에는 자유롭게 옮길 수 있습니다. 그렇다면 수평으로 움직일 때를 생각해 봅시다. 지면 위에 놓여 있다면 지면이 물체를 받쳐 주기 때문에 중력을 생각할 필요가 없습니다. 다만 그 상태에서 옮기려면 마찰이 문제가 됩니다.

물체를 수평으로 옮길 때의 마찰력은 마른 콘크리트 도로 위에서는 중력의 70%, 젖은 도로 위에서는 중력의 50%라고 합니다. 젖은 도로 위라면 들어 올리는 힘(중력을 거스르는 힘)의 절반 정도의 힘으로 물체를 수평으로 움직일 수 있습니다.

그렇지만 무거운 물건을 끌어서 옮기는 것은 엄청나게 힘든 작업입니다. 20세기에 공개된 미국 영화 〈십계〉에서는 이집트에서 붙잡힌 이스라엘 사람들이 거대한 돌을 밧줄로 묶어서 옮기는 장면이 나옵니다. 이집트 피라미드에 사용된 석회암은 평균 2.5t에 달하는데 위로 들어 올리는 것보다는 적은 힘으로 옮길 수 있다고 하지만 지금처럼 포장되어 있지 않은 도로 위를 사람의 힘으로 끌 때의 마찰력은 상상만으로도 정신이 혼미해질 정도입니다.

영화에서는 거대한 돌 밑에 기름을 뿌리거나, 끄는 사람의 발밑에 모래를 뿌리는 모습이 나옵니다. 기름을 뿌리는 것은 거대한 돌과 땅 사이의 마찰을 줄여서 잘 끌리도록 하기 위한

것입니다. 한편 발밑에 모래를 뿌리는 것은 발과 지면 사이의 마찰력을 키워서 미끄러지지 않게 하여 발로 지면을 힘 있게 밟을 수 있도록 하기 위한 것입니다. 발로 지면을 누르면 같은 크기의 힘이 지면에서 발로 전달됩니다. 이것이 바로 '작용 반작용의 법칙'(224쪽 참고)입니다. 지면을 강하게 밟으면 지면이 발을 밀어내는 반작용의 힘을 물건을 옮기기 위한 추진력으로 바꿀 수 있습니다.

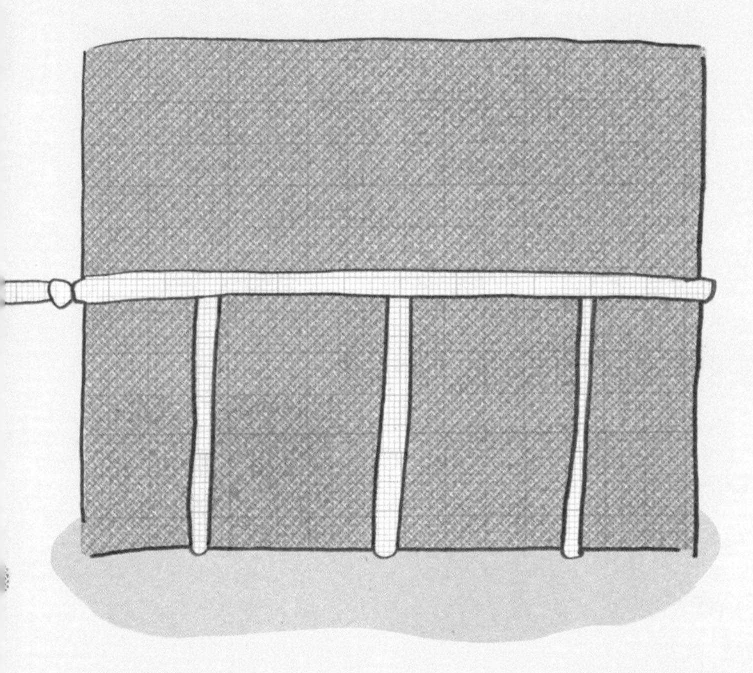

거대한 돌 밑에는 기름을 발라서 잘 미끄러지게 하고 발밑에는 모래를 뿌려 잘 미끄러지지 않도록 해서 옮기는 사람들

: 미는 것보다 굴리는 것이 더 편하다? :

물건을 수평으로 움직이기 위해 처음으로 발명된 도구는 썰매였습니다. 나무줄기를 잘라서 파낸 것이 썰매의 시초라고 합니다. 거칠고 큰 돌을 표면이 매끄러운 썰매 위에 올리면 지면과의 마찰이 줄어들어서 쉽게 끌거나 밀 수 있습니다. 기원전 2000년경의 고대 이집트 벽화에는 사람들이 큰 썰매를 이용해 거대한 석상을 옮기는 모습이 그려져 있습니다.

고대 사람들도 나중에는 미는 것보다 굴리는 것이 더 편하다는 사실을 깨닫고 썰매와 지면 사이에 굴림대라고 불리는 나무를 넣었습니다. 기원전 700년대 고대 메소포타미아의 아시리아 부조 벽화에는 썰매 밑에 굴림대를 넣고 옮기는 모습이 그려져 있습니다. 참고로 썰매 밑에 굴림대를 깐 것과 깔지 않은 것에는 실제로 마찰력의 차이가 있다는 사실이 현대의 실험을 통해 밝혀졌습니다. 썰매를 수평으로 움직일 때의 마찰력은, 썰매만 사용했을 때는 중력의 53%, 썰매 밑에 굴림대를 깔았을 때는 중력의 19%였습니다. 즉 썰매를 사용하면 물체를 들어 올려서 옮길 때 필요한 힘의 약 절반, 썰매 밑에 굴림대를 넣으면 5분의 1 정도의 힘만 있으면 되는 것입니다.

이쯤 되면 썰매와 굴림대가 붙어 있는 형태인 바퀴와 같은 도구가 만들어졌을 법도 한데 실제로 굴림대가 발전해서 바퀴가 되었는지는 다양한 설이 있어서 확실하지 않습니다. 기원전 4000년경에는 이미 메소포타미아의 수메르인(대략 기원전 5500년에서 기원전 4000년 사이에 메소포타미아의 가장 남쪽 지방인 수메르 지방에서 생활한 사람들을 일컫는다-옮긴이)이 바퀴를 발명했습니다. 또 썰매는 물건을 옮기기 위한 도구인 데 반해 바퀴는 주로 사람이 이동하기 위한 교통수단으로 사용되었습니다.

: 바퀴가 지금과 같은 모양이 된 이유 :

바퀴의 시작은 아마도 통나무를 둥글게 자른 하나의 둥근 나무판이었을 것으로 추정됩니다. 사람이나 물건을 싣고 옮기는 바퀴는 위에 타고 있는 사람이나 물건의 무게로 인해 변경되거나 부서져서는 안 됩니다. 그런데 통나무를 둥글게 자르기만 한 나무판은 쉽게 갈라집니다. 그래서 수메르인은 여러 개의 판을 모아서 두툼한 원판을 만들었습니다. 이렇게 해서 무거운 물건을 실어도 버틸 수 있는 강도의 바퀴가 만들어진 것입니다.

이는 메소포타미아에는 큰 나무가 적고 바퀴에 적합한 두께의 통나무가 없었기 때문이라는 설도 있습니다. 다만, 판을 겹쳐서 만든 두툼한 바퀴는 무거워서 쉽게 굴러가지 않았습니다. 바퀴의 강도를 유지하면서 회전도 잘 되게 하려면 어떻게 해야 할까요?

우선 어떻게 하면 쉽게 회전하는지 방법을 생각해 봅시다. 회

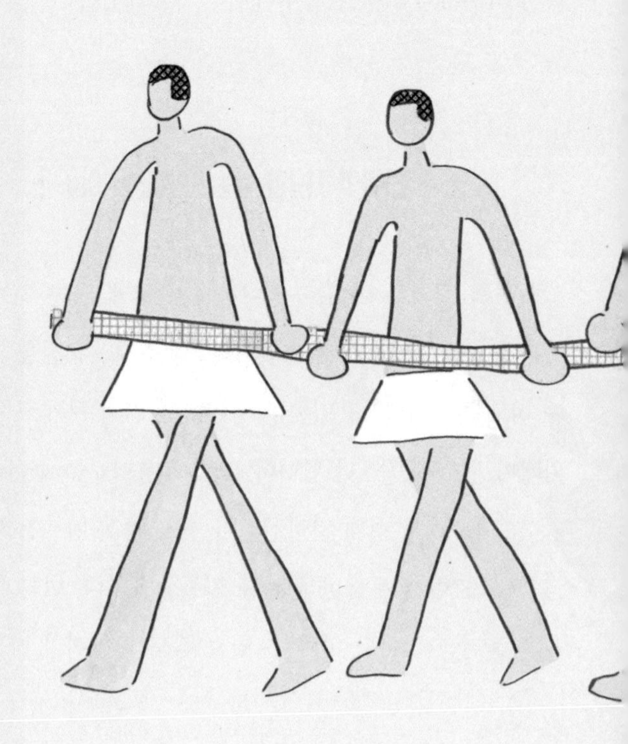

전도 운동이기 때문에 한번 움직이기 시작하면 외부에서 힘이 가해지지 않는 한 계속 같은 방향으로 움직이려는 관성(190쪽 참고)이 있습니다. 그리고 한 번 회전하기 시작하면 '관성의 법칙'이 작용하기 때문에 계속 움직이기 위한 힘은 필요하지 않습니다(다만, 회전축의 마찰을 고려해야 합니다). 자동차처럼 무겁고 큰 바퀴를 회전시키려면 큰 힘이 필요합니다. 반대로 장난감

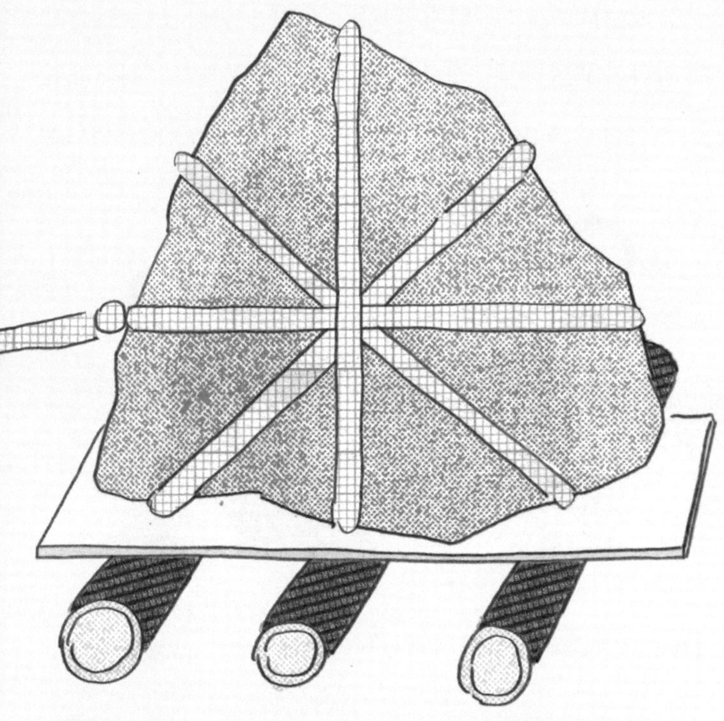

거대한 돌을 썰매에 싣고 그 밑에 굴림대를 넣어 쉽게 굴러가도록 해서 옮기는 사람들

자동차 바퀴처럼 가볍고 작은 바퀴는 쉽게 돌아갑니다. 이렇게 정지된 상태에서 어느 정도의 속도로 회전하기까지 드는 힘이나 시간이 적을수록 물체는 쉽게 회전합니다.

회전하는 물체의 관성 크기를 '관성 모멘트moment of inertia'라고 합니다. 표현은 딱딱하지만 요점은 회전하는 물체가 무거울수록, 회전하는 물체의 반지름이 길수록 관성 모멘트는 커지고 물체는 쉽게 회전하지 않는다는 것입니다. 회전하는 물체가 안이 꽉 차 있는 구체인지, 원반인지, 얇은 고리 같은 것인지에 따라서 관성 모멘트가 달라집니다. 같은 무게라고 하더라도

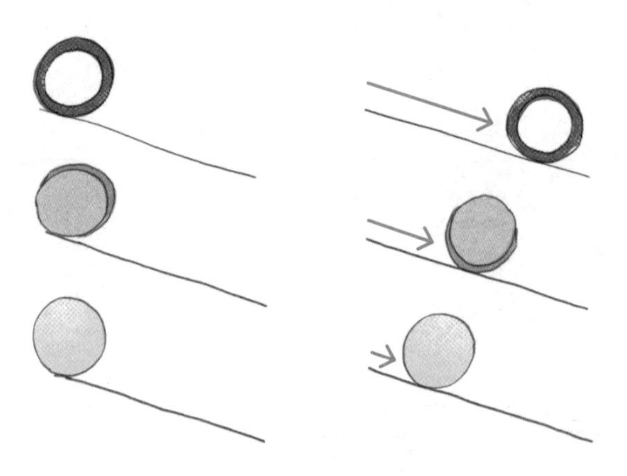

동시에 굴리면 얇은 고리, 원반, 속이 꽉 찬 구체는 서로 다른 속도로 경사면을 굴러 내려온다.

무게의 분포가 균일한지 아닌지에 따라서 회전을 시작하는 데 드는 힘이 달라집니다.

관성 모멘트가 큰 물체는 회전시키기 어렵지만 한 번 회전을 시작하면 쉽게 멈추지 않습니다. 바퀴를 설계할 때는 회전시키는 것뿐만 아니라 회전을 멈추게 하는 브레이크에 대해서도 생각해야 합니다. 돌기만 한다고 다 되는 것은 아닙니다.

관성 모멘트라는 개념은 스포츠에서도 활용되고 있습니다. 피겨 스케이트에서는 스핀이나 점프를 할 때 팔을 가능한 한 몸에 붙여서 회전 반경을 작게 해 관성 모멘트를 줄입니다. 팔이나 다리를 중심으로 몸을 모아서 스핀을 할 때는 고속 회전이 가능해지고 점프를 할 때는 3회전, 4회전을 할 수 있는 중심축이 만들어지는 것입니다.

: 튼튼하고 가벼운 바퀴의 비밀 :

관성 모멘트를 생각하면 가능한 한 가볍고 얇은 모습으로 바퀴를 만들면 더 잘 돌아간다는 것을 알 수 있습니다. 고리 모양으로 바퀴를 만들면 전체 질량을 줄일 수 있어서 관성 모멘트의 크기를 작게 할 수 있습니다. 다만 문제는 강도입니다. 고리의 경우는 아무리 쉽게 부서지지 않는 소재로 만들었다고 해도 금방 휘어지기 때문입니다.

이 문제를 멋지게 해결한 것이 바로 스포크였습니다. 스포크란 바퀴의 중심에 있는 회전축에서 방사 모양으로 퍼지면서 바퀴의 둘레(림)로 연결되는 봉 모양의 부품입니다. 건물의 대들보처럼 바퀴가 변형되지 않도록 지탱하는 역할을 합니다. 스포크 덕분에 바퀴의 강도와 내구성이 높아지고 동시에 무게도 줄일 수 있습니다.

스포크의 기원도 바퀴와 마찬가지로 아직 밝혀지지는 않았지만 기원전 1300년대 이집트의 왕 투탕카멘의 무덤에서는 스포크 6개가 달린 이륜차가 출토되었습니다. 이 시대에 이미 고리 형태의 바퀴가 쉽게 회전한다는 사실과 스포크의 역할에 대해 알고 있었다니 놀라울 따름입니다. 고대 메소포타미아나 이집트의 사람들이 시간 여행을 통해 현대의 바퀴를 보게 된다면 어떻게 생각할까요? 의외로 자신들의 시대와 별 차이가 없다고 생각할지도 모릅니다. 그만큼 고대에 발명된 바퀴의 구조는 매우 훌륭했습니다.

지팡이

#중력 #무게중심

스키를 타 본 적이 있나요? 저는 태어나서 처음으로 스키를 타고 눈 위에 섰을 때 느꼈던 공포를 지금도 잊을 수가 없습니다. 평평한 땅 위에 가만히 서 있으려고 하는데 눈이 미끄럽다 보니 스키는 점점 제멋대로 앞으로 나아갑니다. 넘어지지 않으려고 서둘러서 스틱을 지면에 세게 박고 필사적으로 매달렸습니다. 경사면을 미끄러져 내려올 때는 여러 번 넘어질 뻔 했지만 스틱이 있어서 가까스로 위기를 넘겼습니다.

스키 스틱이나 지팡이는 단순한 봉 하나에 불과하지만 우리

몸의 균형을 잡게 해주고 앞으로 이끌어 주는 역할을 합니다. 이번에는 넘어지지 않도록 지탱하여 옮기는 도구에 대해서 살펴보겠습니다.

: 중력이 작용하는 단 하나의 점 :

지구상에 있는 물체는 모두 동일한 중력을 받고 있는데, 받쳐 주는 것이 없으면 땅으로 넘어지거나 떨어집니다. 중력은 물체 전체에 동일하게 작용합니다. 손바닥에 올린 사과도 중력을 받고 있습니다. 다만 중력이 분산되어 있으면 그 작용에 대해 설명하기 힘들기 때문에 물리에서는 '물체를 받쳤을 때 균형이 잡히는 점'을 '중력의 작용점'이라고 봅니다. 이 점은 다른 말로 물체의 '무게 중심'이라고도 합니다.

같은 굵기의 봉이나 균일한 두께의 판이라면 가운데가 그 물체의 무게 중심이 됩니다. 자나 쟁반의 가운데를 받치면 안정적으로 균형이 유지되는 것도 그 때문입니다.

이렇게 물체가 기울어지지 않도록 받치는 점이 물체의 무게 중심이고 무게 중심에서 받치면 물체는 기울어지지 않고 균형

사과는 모든 부분에 고르게 중력을 받고 있는데, 물리에서는 물체를 한 점에서 떠받쳤을 때 흔들리지 않는 지점을 '중력이 작용하는 점(=무게 중심)'이라고 한다.

을 유지합니다.

중력은 물체의 무게 중심에서 일직선으로 지구의 중심을 향해 작용합니다. 물체의 무게 중심을 통과해서 중력이 지구의 중심으로 향하는 선을 '중력의 작용선'이라고 합니다. 중력의 작용선상이라면 어디를 받쳐도 물체는 안정적인 상태가 됩니다. 예를 들면 사과를 손 위에 올려놓는 대신에 실에 매달아도 됩니다.

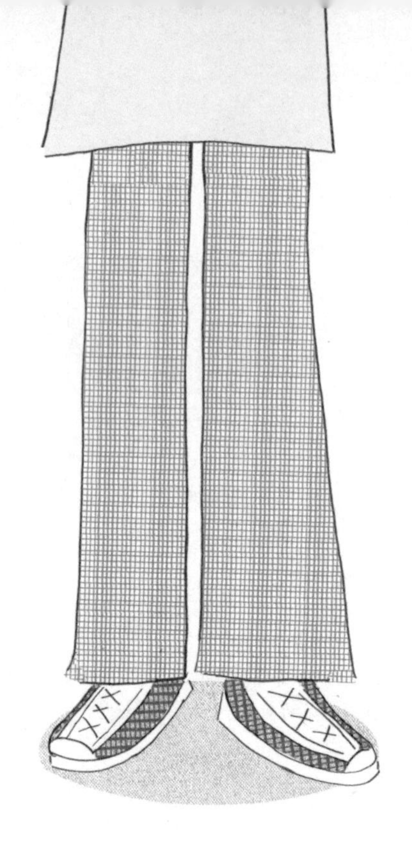

: 지팡이를 짚으면 안정적으로 설 수 있는 이유 :

우리가 두 발로 땅 위에 섰을 때 중력의 작용선은 두 다리와 그 사이를 포함한 평면 범위 안에 있습니다. 이 평면을 여기서는 알기 쉽게 지지 면적이라고 부르겠습니다. 중력의 작용선이 지지 면적 안에 들어가 있으면 '균형이 맞다', '무게 중심을 잡

았다'라고 표현합니다. 중력의 작용선이 지지 면적에서 벗어나 있으면 균형을 잡지 못하고 넘어지게 됩니다. 한 발로 서거나 양발을 딱 붙여 서 있을 때 잘 넘어지는 이유는 지지 면적이 줄어들기 때문입니다. 우리가 평소에 별생각 없이 서 있을 때도 양발을 어깨너비 정도로 벌리면 지지 면적이 넓어져서 쉽게 무게 중심을 잡을 수 있습니다.✦

지팡이는 이러한 지지 면적을 넓히는 역할을 합니다. 다리가 두 개일 때보다 세 개일 때가, 세 개일 때보다 네 개일 때가 더 안정적이라는 사실은 사족보행을 하는 동물이나 테이블의 다리를 보면 쉽게 이해할 수 있습니다.

산의 경사로를 오르거나 나이가 들어서 등이 굽으면 몸의 중심이 이동하기 때문에 두 개의 다리로 몸을 지탱하기가 어렵습니다. 그때 필요한 것이 지팡이입니다. 지팡이로 다리를 하나 추가해서 지지 면적을 넓히면 균형을 잡기 쉬워집니다. 등산할 때 쓰는 등산용 지팡이나 고령자가 걸을 때 사용하는 지팡이가 몸을 지탱하는 제3의 다리가 되는 것입니다.

다만 지팡이는 지지 면적에서 벗어난 무게 중심을 지탱할 수 있도록 짚어야 의미가 있습니다. 지지 면적을 넓혀서 무게 중심을 안정적으로 받쳐 주는 보조 기구가 바로 지팡이입니다.

우리는 왜 땅을 뒤쪽으로 밀며 걸을까?

지팡이를 짚으면 걷기도 편해집니다. 지팡이로 지면을 밀면 앞으로 가기 위한 추진력을 얻을 수 있기 때문입니다. 스키 스틱이나 목발이 좋은 사례인데, 잘 사용하면 몸에 큰 힘을 들이지 않고 움직일 수 있습니다. 우리는 걸을 때도 대각선 뒤쪽으로 땅을 누르며 나아갑니다. 너무 당연해서 대부분의 사람은 의문조차 가진 적이 없겠지만, 왜 앞으로 가고 싶을 때 땅을 뒤쪽으로 미는 것일까요?

우리는 평소 다리의 힘만으로 앞으로 나아간다고 생각하지만 사실 '작용 반작용의 법칙(224쪽 참고)'을 이용해서 앞으로 나갑니다. 다리로 대각선 뒤의 땅을 누르면 지면에서는 그 반대 방향으로, 즉 대각선 앞쪽으로 힘을 보냅니다. 땅을 뒤로 밀 때 생기는 반작용의 힘으로 인해 몸이 앞으로 움직이는 것입니다. 육상 경기의 출발 지점에 설치된 스타팅 블록은 사실 작용 반작용의 법칙을 최대한 활용한 도구라고 할 수 있습니다.

우리는 자신의 힘만으로 몸을 앞으로 움직일 수 없습니다. 뛸 때는 땅을, 헤엄칠 때는 물을, 목발을 짚고 걸을 때는 바닥을, 각각 손과 발 혹은 지팡이로 누르고 그 반작용의 힘을 이용해 앞으로 나갑니다. 스키 경기를 보면 스키 스틱도 눈을 밀어서 속도를 높이기 위해 사용된다는 사실을 알 수 있습니다.

대각선 앞쪽으로 작용하는 땅의 반작용은 '위쪽으로 향하는 힘'과 '앞쪽으로 향하는 힘'으로 나누어 생각할 수 있습니다.

위쪽으로 향하는 힘은 우리의 몸을 지탱하는 '수직 항력(98쪽 참고)'이 되고, 앞쪽으로 향하는 힘은 발이 뒤로 움직이는 것을 막는 마찰력입니다. 이 마찰력이 앞으로 나아가기 위한 추진력을 만들어 냅니다.

✦ 와인 잔과 같이 무겁고 큰 볼을 하나의 좁은 다리로 지탱할 경우 중심을 잡는 것은 잔의 바닥 면적입니다. 잔의 바닥 면적이 좁으면 살짝 닿기만 해도 쉽게 넘어집니다. 반대로 말하면 와인 잔처럼 손잡이가 아무리 얇아도 바닥 면적이 넓으면 잔이 다소 기울어져도 무게 중심의 작용선은 지지 면적 범위 내에 있기 때문에 안정적인 자세를 유지할 수 있습니다.

더 알아보기

무게가 고르지 않은 지팡이의 중심은 어디일까?

아무리 복잡한 형태의 물건이라도 반드시 무게 중심이 있고 하나의 점으로 지탱할 수 있습니다. 여기서는 야구 방망이나 청소용 막대 걸레와 같이 무게가 균일하지 않은 봉의 무게 중심을 찾을 수 있는 재미난 방법을 소개

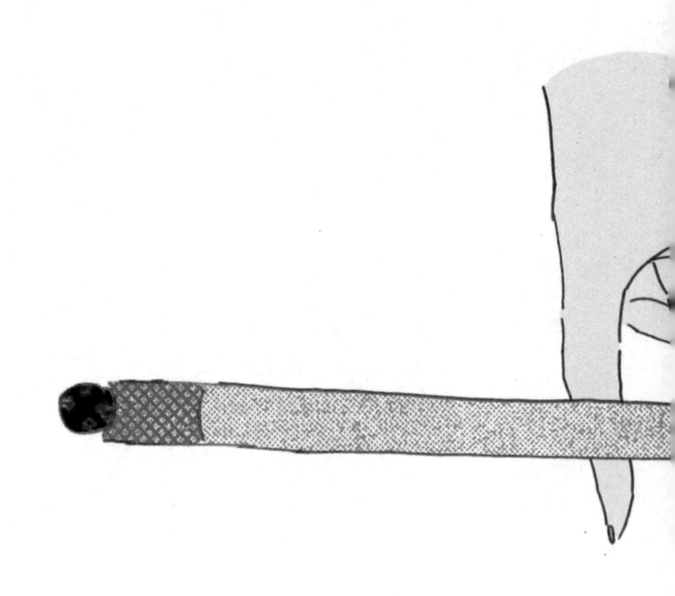

하겠습니다.

방법은 간단합니다. 우선 손톱이 바깥쪽을 향하도록 양손의 검지를 앞으로 내밀어 보세요. 30~40cm 정도의 간격을 띄우고 그 위에 무게 중심의 위치를 알고 싶은 봉을 올려서 지탱합니다. 손가락과 봉이 떨어지지 않도록 하면서 손가락을 봉의 가운데 쪽으로 조금씩 움직여 보세요.

희한하게도 손가락은 한 쪽씩만 움직일 수 있습니다. 양쪽을 동시에 움직일 수 있다면 손가락이 봉에서 떨어져 있다는 의미입니다. 그렇게 수평을 유

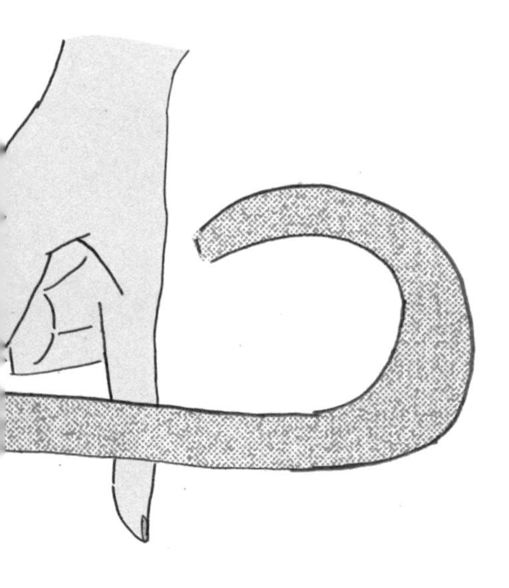

지한 채로 한 쪽씩 움직이면 나중에는 두 개의 손가락이 만나게 됩니다. 그곳이 봉의 무게 중심입니다.

이번에는 그곳을 검지 하나로만 지탱해 보세요. 봉이 기울어지지 않고 하나의 검지만으로도 균형이 잡힌다는 사실을 확인할 수 있을 것입니다. 놀라움과 동시에 한 가지 의문이 남습니다. 왜 한 쪽씩만 손가락을 움직일 수 있을까요? 그 이유는 조금 더 생각해 보기로 합시다.

처음에 두 개의 검지로 봉을 지탱했을 때, 각각의 손가락에서 봉의 무게 중심까지의 거리는 좌우가 서로 다릅니다. 이제 여기서 지레의 원리를 떠올려 보세요. 무게 중심을 받침점이라고 하면 각각의 손가락의 위치는 힘점에 해당합니다. 봉이 수평으로 균형을 유지하고 있을 때 지레의 원리에 따르면 '받침점에서 힘점까지의 거리×힘'은 동일하기 때문에 무게 중심에 가까운 손가락이 봉을 지탱하는 힘이 무게 중심에서 먼 손가락이 봉을 지탱하는 힘보다 큽니다.

이번에는 마찰을 살펴보겠습니다. 손가락으로 지탱하는 힘은 수직 항력입니다. 마찰의 법칙에는 '수직 항력이 클수록 마찰력은 커진다'(98쪽 참고)라는 내용이 있습니다. 무게 중심에 가까운 손가락이 수직 항력과 마찰력도 크기 때문에 쉽게 움직이지 못하게 됩니다. 그래서 손가락을 움직이려고 하면 무게 중심에서 먼 손가락이 먼저 움직입니다.

여기까지만 이야기하면 마찰력이 같아지는 지점, 즉 두 손가락이 무게 중심에서 같은 거리에 도달하면 손가락이 멈춘다고 생각할 것입니다. 하지만 마찰의 법칙에는 '움직이고 있는 동안의 마찰력은 움직이기 시작하는 순간의 마찰력보다 작다'(100쪽 참고)라는 내용도 있습니다. 또 움직이고 있는 손가락은 관성의 법칙으로 인해 쉽게 멈추지 않기 때문에 결국 같은 거리인 지점을 지나치게 됩니다. 그러다 보면 두 손가락의 형세는 역전됩니다. 중심점에서 멀어 쉽게 움직였던 손가락이 다른 손가락과 같은 거리인 지점을 지나서 무게 중심과 가까워지고 또 다른 손가락이 무게 중심에서 멀어져 더 잘 움직이는 상황이 이어집니다. 결과적으로는 서로 만날 때까지 번갈아 가며 손가락을 움직이게 됩니다.

두 개의 손가락이 만나게 되면 거의 한 점에서 그 물체를 지탱하고 있는 것과 마찬가지이기 때문에 그곳이 봉의 무게 중심이라고 할 수 있습니다.

젓가락

#지레의원리 #만유인력

프랑스 음식 요리사에서 전설의 가정부로 변신한 다산 시마 Shima Tassin(프랑스 음식 전문 요리사로 15년 이상 근무하다가 결혼을 계기로 자유롭게 일할 수 있는 프리랜서 가사 도우미를 시작했다. 요리사의 경험을 살려 집에 있는 식재료만으로 멋진 프랑스 요리를 선보여 전설의 가정부로 인기를 끌게 되었다. 지금은 강연, 레시피북 발간, 방송 출연 등 다양한 활동을 하고 있는 인플루언서이다-옮긴이)는 과거 인터뷰에서 '프랑스에서는 계란을 섞을 때는 거품기, 프라이팬 위에서 식재료를 뒤집을 때는 뒤집개, 요리 플레이팅을 할 때는 집게 등 다양한 조리 도구를 사용하는데, 젓가락은 그 모든 역할을 다 할 수 있는 뛰어난 조리 도구이다'라는 말을 했습니다. 프랑스인인 다산 시마의 시어머니는 일본에 갔을 때 그 사실에 감명받아 일본의 젓가락을 사 왔다고 합니다.

젓가락은 음식을 입으로 가져가기 위한 도구로 젓가락 사이에 음식을 끼워서 들어 올리거나 건지거나 거는 등 다양한 방식으로 사용합니다. 여기서는 젓가락의 기능 중에 집는 기능, 들어 올리는 기능에 주목해서 젓가락에 숨어 있는 물리에 대해 생각해 보겠습니다. 다산 시마의 인터뷰처럼 지금까지와는 다른 관점으로 바라보면 별생각 없이 사용했던 도구가 얼마나 뛰어난 기능이 있는지 새삼 깨닫게 될지도 모릅니다.

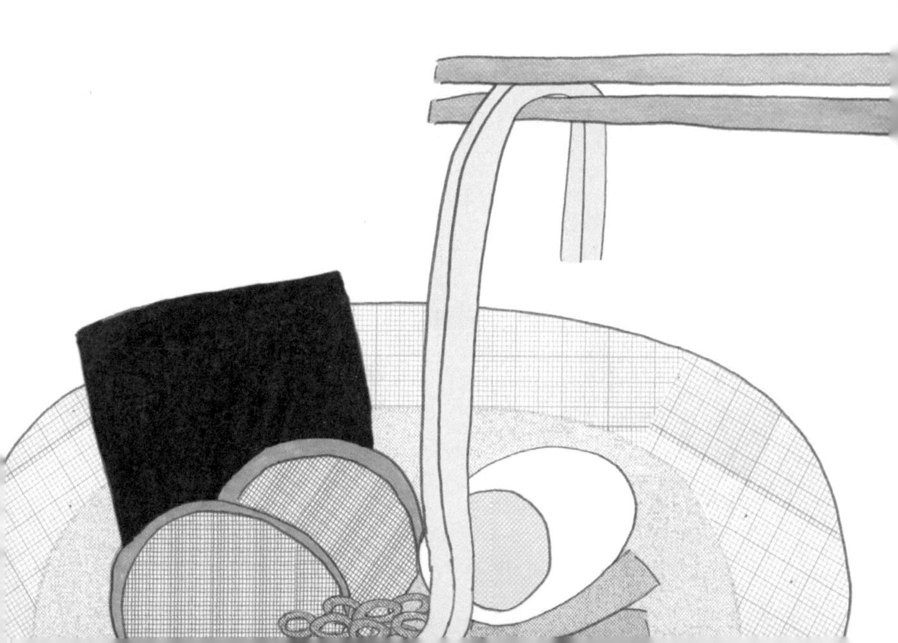

: 젓가락의 움직임이 섬세한 이유 :

우선 젓가락으로 음식을 집는 행위에 대해 살펴보겠습니다. 젓가락의 가장 큰 장점은 손가락 끝을 조종하듯이 섬세하게 음식을 집을 수 있다는 것입니다. 부드러운 두부를 포크로 찍어서 들어 올리려고 하면 순식간에 망가집니다. 이렇게 탄성이 작은 음식을 집으려면 떨어지거나 뭉개지지 않도록 힘을 적절히 조절해야 합니다.

젓가락이 섬세하게 힘을 조절할 수 있는 이유는 '지레의 원리'(108쪽 참고)에 따라 움직이는 도구이기 때문입니다. 지레라고 하면 가한 힘보다도 작용하는 힘이 커서 편하게 작업할 수 있는 도구라고 생각하지만 가한 힘보다 작용하는 힘을 더 작게 할 수도 있습니다. 이것이 3종 지레(172쪽 참고)의 특징이었습니다. 젓가락은 3종 지레의 한 종류로 손으로 받쳐서 움직이는 곳이 힘점, 젓가락의 머리 부분(젓가락을 들었을 때 천장을 향하는 부분)이 받침점, 젓가락의 끝부분(음식을 집는 부분)이 작용점입니다. '힘점-받침점'의 거리보다도 '작용점-받침점'의 거리가 길기 때문에 실제로 가한 힘보다 젓가락 끝에 가해지는 힘이 작아집니다. 그래서 두부가 으깨지지 않도록 섬세하게 힘을 조절할 수 있습니다.

또 실제로 젓가락을 움직여 보면 손보다 젓가락 끝부분의 움직임이 더 크다는 사실을 알 수 있습니다. 이것도 3종 지레의 특징으로 '힘점-받침점'의 거리보다도 '작용점-받침점'의 거리가 더 길기 때문에 젓가락 끝부분이 더 크게 움직입니다. 일반 젓가락보다 길이가 긴 튀김용 젓가락은 거리 차이가 더

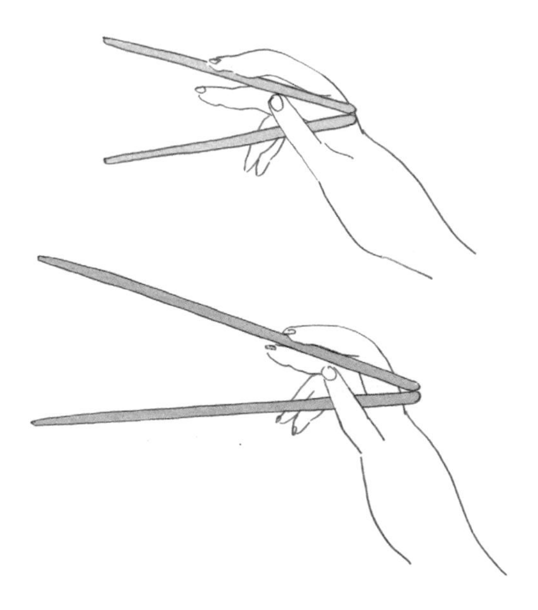

일반적인 젓가락보다 튀김용 젓가락이 움직이는 범위가 넓고 집는 힘이 약하다.

크기 때문에 움직임의 범위도 더 넓습니다. 다만 길어질수록 가하는 힘보다 작용하는 힘이 작아지기 때문에 음식을 집는 힘은 약해집니다. 파스타나 샐러드를 집는 집게도 젓가락과 마찬가지의 원리로 움직이는 범위가 크다는 사실을 활용해서 한 번에 많은 양을 집을 수 있습니다.

: 중력을 거스르는 젓가락의 움직임 :

이번에는 중력을 거스르면서 젓가락으로 음식을 들어 올리는 움직임에 대해서 살펴보겠습니다. 생각해 보면 젓가락만큼 연약한 도구도 없습니다. 나무젓가락은 힘을 주면 쉽게 손으로 부러뜨릴 수 있습니다. 하지만 식사를 할 때는 금속 포크처럼 튼튼하지 않더라도 음식을 떨어뜨리지 않고 입으로 가져갈 수 있습니다. 이렇게 젓가락으로 음식을 집어서 옮기는 행위에도 흥미로운 물리의 비밀이 담겨 있습니다.

중력이란 지구와 지구에 있는 물체 사이에 발생하는 만유인력을 의미합니다. 그리고 이 만유인력은 모든 물체에 작용합니다(34쪽 참고). 예를 들어 식탁에 놓인 접시 위에 콩자반이 있다고 가정해 봅시다. 여기에는 지구가 접시나 콩자반을 끌어당기는 힘이 작용할 뿐 아니라 접시와 콩자반, 콩자반과 그것을 들어 올리는 젓가락 사이에도 만유인력이 작용합니다. 그렇다면 접시와 콩자반, 콩자반과 젓가락이 만유인력으로 인해 붙어버리지는 않을까요? 예를 들어 식탁에 있는 젓가락의 질량을 15*g*, 콩자반을 5*g*이라고 가정해 봅시다. 이에 비해 지구의 질량은 6,000,000,000,000,000,000,000,000*kg*입니다. 상상하기도 힘들 만큼 압도적인 차이입니다.

만유인력은 두 물체의 질량의 곱에 비례하고 물체 사이 거리의 제곱에 반비례한다는 법칙이 있습니다. 이것은 두 물체의 질량을 곱한 수치가 클수록, 두 물체 사이의 거리가 가까울수록 물체끼리는 강하게 끌어당긴다는 의미입니다. 젓가락과 콩자반이 서로 끌어당기는 힘보다 훨씬 큰 힘으로 지구가 물체들을 끌어당기고 있기 때문에 젓가락과 콩자반은 그 자리에 가만히 있는 것입니다. 그만큼 압도적인 힘으로 지구가 물체를 끌어당긴다고 생각하면 고작 젓가락 두 개로 콩자반을 들어 올릴 수 있을지 불안해지기도 합니다. 하지만 우리는 평소에 온 힘을 다해 콩자반을 한 알씩 그릇에서 떼어 내고 있기 때문에 걱정할 필요는 없습니다.

: 콩자반 한 알을 들어 올리는 데 필요한 힘은 어느 정도일까? :

물체를 지탱한다는 것은 그 물체에 작용하는 중력과 같은 힘을 준다는 의미입니다. 다시 말해, 5*g*의 콩자반을 들어 올리려면 5*g*의 중력과 같은 크기의 힘을 주면 됩니다. 콩자반을 일단 들어 올리고 나면, 즉 콩자반에 중력과 같은 힘을 주면 '관성의 법칙'(190쪽 참고)으로 인해 같은 속도로 입까지 가져갈 수 있습니다. 공중에서 콩자반을 이동시키는 데 5*g* 이상의 힘은 필요하지 않습니다. 그것보다 큰 힘을 줄 수도 있지만 그만큼 콩자반이 움직이는 속도가 빨라질 뿐입니다.[✦]

젓가락과 같이 소박한 도구도 중력이나 관성과 같은 물리

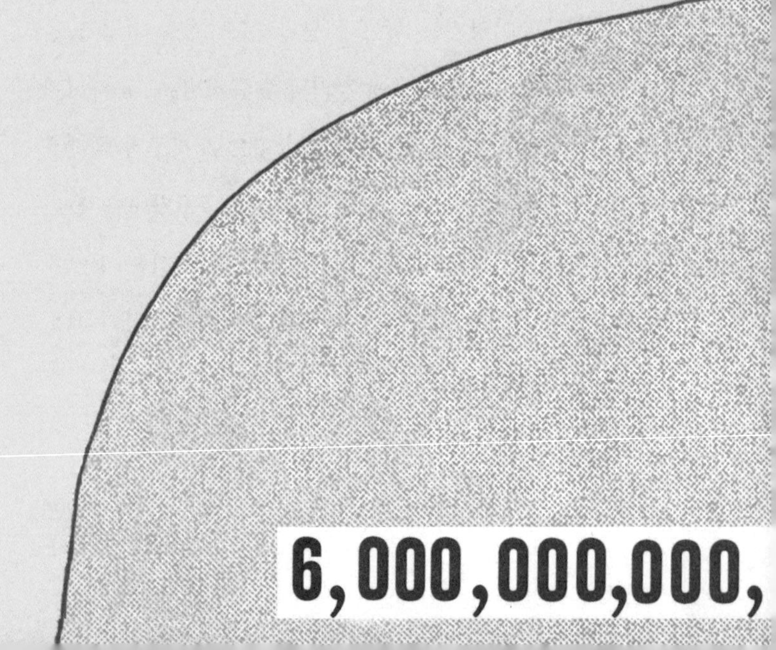

법칙의 영향을 받습니다. 젓가락으로 음식을 집을 때는 지구의 엄청난 질량, 음식과 젓가락 사이에 작용하는 작은 만유인력을 꼭 느껴 보기 바랍니다.

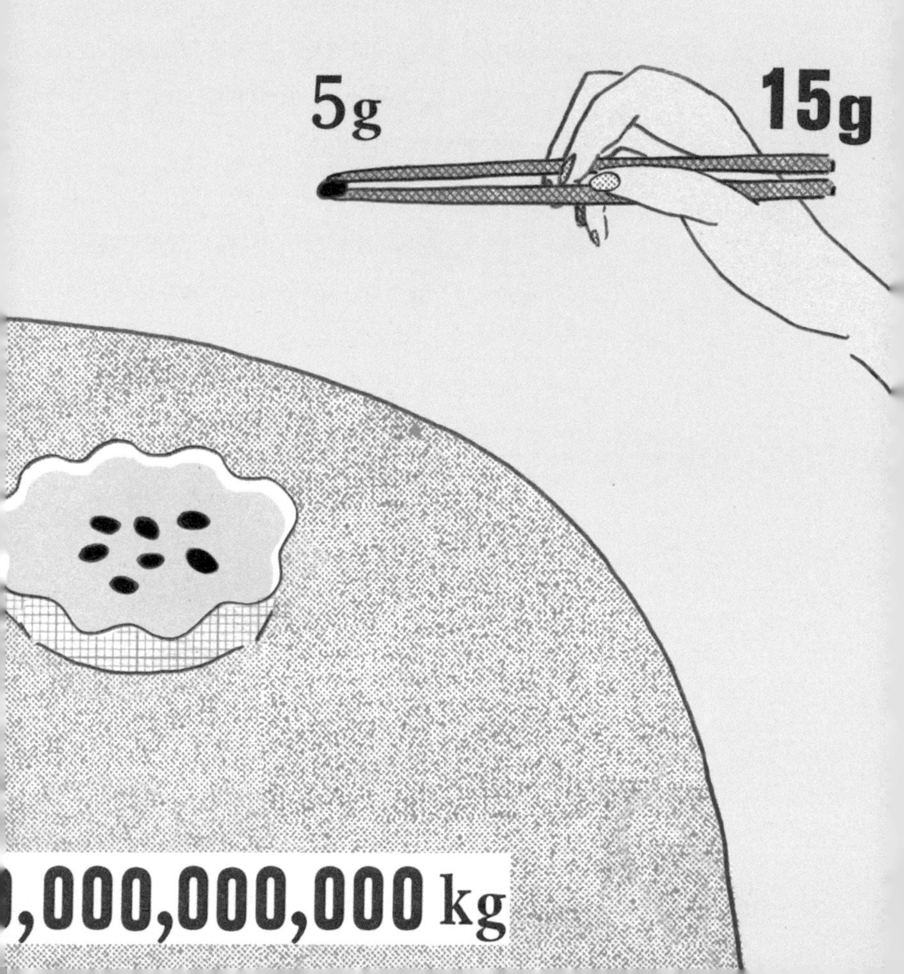

✦ 물체가 둥둥 떠다니는 우주선과 우주 정거장 안에서는 물건을 움직이기 편해 보입니다. 하지만 일반적으로 '무중력 상태'가 중력이 전혀 없는 상태는 아닙니다. 우주선이나 우주 정거장은 중력이 작용하기 때문에 우주 먼 곳으로 날아가 버리지 않고 지구 주변을 돌고 있는 것입니다. 물리에서는 이러한 상태를 '무중량 상태'라고 합니다.

우리가 중력을 느끼는 것은 움직이지 않는 지면이나 바닥이 우리 몸을 떠받치고 있기 때문입니다. 엘리베이터나 롤러코스터를 타고 내려올 때는 몸이 붕 뜬 느낌이 납니다. 우주 정거장 안에 있는 승무원들은 롤러코스터를 타고 내려올 때와 같은 느낌을 계속 받는다고 생각하면 됩니다. 즉 중력이 없는 것이 아니라 중력을 느끼지 못하는 상태입니다.

이러한 상태에서도 관성의 크기를 나타내는 질량에는 변화가 없습니다. 질량이 큰 물체가 작은 물체보다 더 움직이기 힘든 데다가 공중에 떠 있어서 마찰이 발생하지 않기 때문에 한 번 움직이면 멈추기도 힘듭니다. 무중량 공간에서는 젓가락으로 지탱하는 힘은 필요 없지만 집은 물체를 입으로 가져가려면 그 물체의 질량과 동일한 힘이 필요합니다.

더 알아보기

weight와 mass는 뭐가 다를까?

물리에서 '무게'와 '질량'은 엄밀히 구분됩니다. 무게는 중력을 말하는 것으로 지구가 지상의 물체를 끌어당기는 힘을 말합니다. 무게의 단위는 힘이기 때문에 뉴턴N입니다.

한편 질량은 물체가 얼마나 움직이기 힘든지를 나타내는 것으로 단위는 킬로그램kg입니다. 우리가 매일 측정하는 체중은 질량이기 때문에 질량이 큰 사람일수록 움직이기 힘듭니다. 하지만 일상생활에서는 보통 중력과 질량을 모두 '무게'라고 표현하므로 확실하게 구분하기가 쉽지 않습니다.

예전에 근무했던 고등학교에 미국에서 온 유학생이 있었습니다. 수업에서 무게와 질량의 차이를 설명할 때 그 학생에게 'weight(무게)'와 'mass(질량)'의 차이는 무엇인지 서툰 영어로 물었습니다. 그러자 생각지도 못했던 답이 돌아왔습니다. 형용사가 다르다는 것이었습니다. 그 학생은 weight의 크기를 말할 때는 'heavy(무겁다)'와 'light(가볍다)'라는 형용사를 쓰지만, mass의 형용사로는 'dense(빽빽한)'를 쓴다고 대답했습니다.

그때 지금까지 이론적으로만 이해하고 있었던 차이를 확실히 알 수 있었습니다. “dense, dense…”라고 중얼거리면서 교무실까지 신나게 뛰어 왔던 그 날을 20년 이상 지난 지금도 생생하게 기억하고 있습니다.

질량이 크면 왜 dense일까, 곰곰이 생각해 봤는데 아무래도 물체는 원자로 되어 있다는 원자론이 그 바탕에 있는 것이 아닐까 싶었습니다. 원자가 많이 모여서 굳어지면, 즉 밀집하면 질량도 커지기 때문입니다.

그와 동시에 물리는 외국에서 시작된 학문이라는 점, 근대과학이 발달한 미국과 유럽의 아이들은 무게와 질량의 차이를 이론이 아니라 언어적인 감각으로 구분하고 있다는 점을 새삼 느꼈습니다. 여러분은 어떤가요? 무게와 질량의 차이가 느껴지나요?

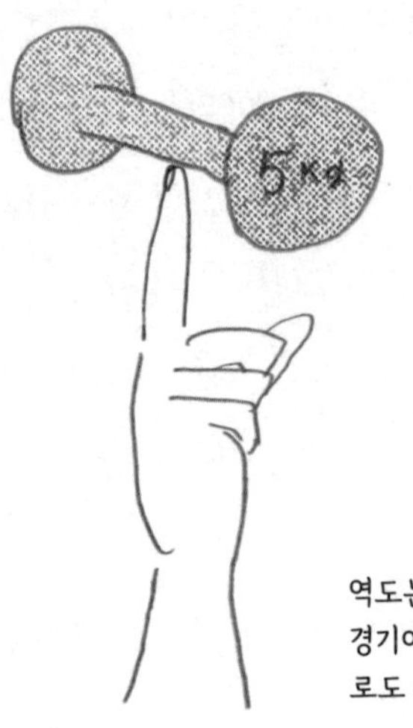

역도는 지구에 중력이 존재하기 때문에 가능한 경기이다. 무중량 공간에서는 손가락 하나만으로도 아령을 움직일 수 있다.

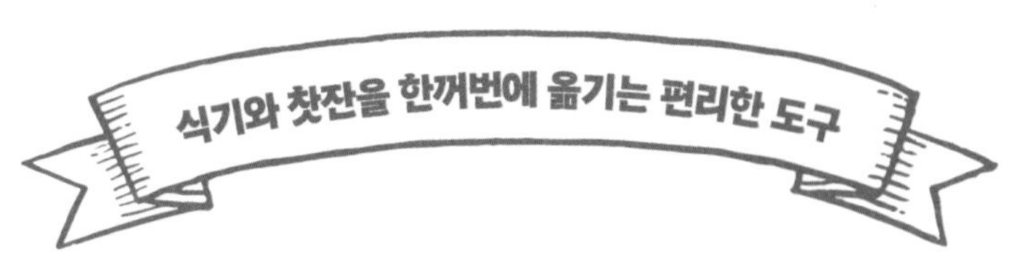

쟁반

#마찰

쟁반은 뜨거운 찻잔이나 작은 식기류를 한꺼번에 옮길 수 있는 편리한 도구입니다. 공중에서 들어 올려서 수평으로 움직이기 때문에 마찰 등의 저항을 거의 받지 않고 자유롭게 움직일 수 있습니다. 하지만 갑자기 쟁반만 세게 움직이면 쟁반에 있는 찻잔이나 식기는 그 움직임을 따라가지 못하고 미끄러집니다. 관성의 법칙에 의해, 쟁반이 움직이기 시작해도 쟁반 위의 물체는 그 자리에 머무르려고 하기 때문입니다. 쟁반으로 물체를 옮길 때 가장 골치 아픈 것이 바로 이 '미끄러짐' 현상입니다.

엎질러진 물은 주워 담을 수 없기 때문에 물을 흘리지 않기 위해서라도 쟁반 위에 작용하는 물리의 법칙에 대해 알아 두어야겠습니다. 그럼 함께 살펴볼까요?

: 쟁반과 물체 사이의 마찰력은 어떻게 측정할까? :

물체가 미끄러지지 않게 하기 위해서는 물체의 움직임을 방해하는 마찰력이 필요합니다. 그래서 요즘에는 미끄럼 방지 기능이 있는 쟁반도 판매되고 있습니다. 쟁반과 그 위에 올린 물체 사이에 작용하는 마찰력은 어느 정도일까요? 마찰력을 측정하는 간단한 방법이 있으니 집에 있는 쟁반으로 꼭 해 보세요.

우선 테이블 위에 쟁반을 놓고 그 위에 미끄러져도 괜찮은 물체, 예를 들면 캐러멜 상자와 같은 물체를 놓습니다. 그리고 쟁반 끝을 한 손으로 천천히 들어 올려서 조금씩 기울입니다.

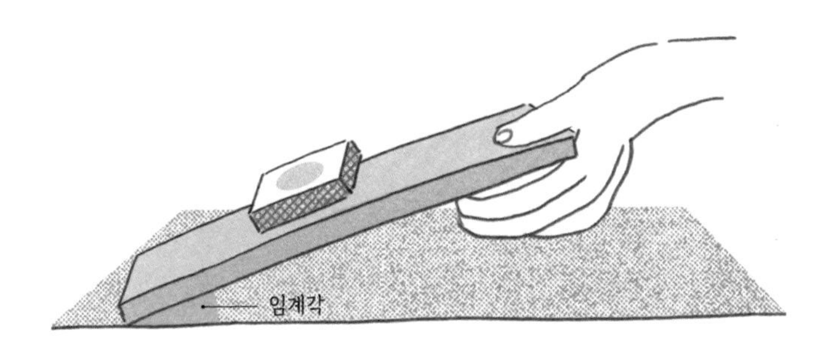

임계각이 클수록 쟁반 표면의 마찰이 크다는 사실을 알 수 있다.

갑자기 한 번에 확 들어 올리면 안 됩니다. 조금씩 경사가 커지도록 기울이다 보면 특정 각도가 되었을 때 물체가 미끄러지기 시작합니다. 이 미끄러지기 시작하는 순간의 쟁반과 테이블 사이의 각도를 '임계각'이라고 합니다. 임계각보다 작은 각도에서는 쟁반에 올린 캐러멜 상자가 미끄러지지 않습니다.

임계각은 '마찰의 크기'를 나타냅니다. 임계각이 클수록 마찰이 크고, 임계각이 작을수록 마찰이 작기 때문에 임계각을 측정하는 것이 접촉하는 두 물체 사이에 발생하는 마찰의 크기를 측정하는 가장 간편하고 정확한 방법입니다.

임계각의 크기는 접촉하는 두 물체의 표면 상태에 따라 달라집니다. 예를 들어 캐러멜 상자의 매끈매끈한 표면 대신 성냥 상자의 까끌까끌한 면(성냥을 문지르면 불이 붙도록 약이 도포된 면)을 바닥과 맞닿게 하면 캐러멜 상자를 올렸을 때보다 임계각이 큽니다. 한편 같은 캐러멜 상자를 같은 쟁반에 올리면 여러 번 다른 방향으로 놓아 봐도 같은 각도에서 미끄러집니다. 이때 상자 안에 캐러멜이 꽉 차 있든 비어 있든, 즉 상자의 무게가 아무리 달라져도 임계각은 항상 동일합니다.

그러니 쟁반으로 액체를 옮기기 전에 빈 컵이나 잔을 올려 보고 어느 정도의 각도에서 미끄러지는지 확인해 보면 좋습니다. 나중에 컵이나 잔에 무엇을 넣든 바닥의 표면 상태는 동일하기 때문에 임계각도 바뀌지 않습니다.

: 쏟아진 홍차를 통해 발견한 임계각의 변화 :

쟁반을 사용하면서 가장 신경이 쓰이는 순간은 차가 담긴 찻잔이나 된장국이 담긴 국그릇을 옮길 때입니다. 안 그래도 미끄러지기 쉬운 쟁반에 액체가 담겨 있으면 신경이 더 쓰이기 마련입니다. 이 문제에 대해 영국의 물리학자 레일리 남작(본명-존 윌리엄 스트럿John William Strutt)이 흥미로운 지적을 했기에 잠깐 소개해 드리겠습니다.

레일리 남작은 가사 도우미가 홍차가 담긴 잔을 잔 받침과 함께 옮길 때, 컵이 미끄러지는 것을 막으려고 급하게 잔 받침을 기울이다 홍차를 쏟는 장면을 종종 목격했습니다. 이때 레일리 남작은 홍차가 쏟아져서 잔 아래가 젖으면 오히려 잘 미끄러지지 않는다는 사실을 발견했습니다. 그래서 이 비밀을 밝히고자 임계각을 측정하는 실험을 했습니다. 앞서 소개했던 방법과 마찬가지로 잔 받침 위에 잔을 놓고 조금씩 기울여서 잔이 미끄러지기 시작하는 각도를 측정했습니다.

그 결과, 잔과 잔 받침이 접촉하는 면이 건조한 상태일 때보다 젖은 상태일 때 임계각이 크다는 사실이 확인되었습니다.

잔 받침이 젖었을 때가 건조한 상태일 때보다 컵이 잘 미끄러지지 않는다.

즉, 잔 받침이 젖어 있으면 잔이 잘 미끄러지지 않았습니다. 나중에 연구진이 같은 실험을 한 결과, 임계각은 각각 잔과 잔 받침이 건조한 상태일 때 약 10°, 물에 젖은 상태일 때는 약 22°, 뜨거운 물로 젖어 있을 때는 약 28°라는 사실을 확인했습니다. 건조한 상태와 뜨거운 물에 젖은 상태를 비교하면 무려 18°나 차이가 났습니다.

: 젖으면 잘 미끄러질까? 미끄러지지 않을까? :

잔 받침이 젖어 있으면 왜 잘 미끄러지지 않을까요? 쉬운 듯하면서도 어려운 문제입니다. 보통은 바닥에 물기가 있으면 잘 미끄러집니다. 비 오는 날 미끄러지기 쉬운 신발을 신고 가다가 미끄러져 '쿵' 하고 엉덩방아를 찧은 적이 있지 않나요? 일상 속에서 경험하는 마찰의 대부분은 물체 표면의 거칠기 때문에 발생하는데, 물기가 있으면 울퉁불퉁한 표면 틈새가 물로 채워집니다. 그렇게 되면 액체인 물이 고체인 지면보다 더 쉽게 움직이기 때문에 마찰이 줄어들어 더 잘 미끄러집니다. 젖은 욕실 바닥에서 잘 미끄러지는 것도 이러한 이유 때문입니다.

잔과 잔 받침이 젖으면 오히려 잘 미끄러지지 않는 현상에 대해 레일리 남작은 결국 1918년에 쓴 논문 서론에서 그 이유를 잘 모르겠다고 밝혔습니다. 논문에는 그렇게 적었지만, 레일리 남작은 미끄러움의 원인인 잔 바닥과 받침 위의 유분이 뜨거운 홍차에 씻겨 나갔기 때문에 오히려 잘 미끄러지지 않게 된 것이 아닐까 추측했습니다.

: 하디의 발견에서 응착설의 확립까지 :

이러한 추측은 분명 틀리지 않았습니다. 레일리 남작에 이어 마찰을 연구한 연구자 하디Sir William Bate Hardy는 잔 바닥과 잔 받침 표면은 분자 1개 정도의 매우 얇은 유분(단분자막)으로 덮여 있고 그 얇은 막이 마찰을 줄여준다고 생각했습니다. 이것은 엄청난 발견이었습니다.

그런데 분자는 매우 작습니다. 일반적인 고체 표면에 있는 입자의 1000분의 1 정도 크기입니다. 즉, 아무리 작은 입자라고 하더라도 분자의 1000배 정도는 되는 것입니다. 분자 1개 정도 크기의 매우 얇은 유분막이 고체 표면을 덮고 있다고 해서 표면이 매끈해진다고는 도저히 생각할 수 없습니다. 쿨롱이 주창한 물체 표면의 거칠기 때문에 마찰이 발생한다는 '요철설'(98쪽 참고)로는 젖은 잔 받침이 더 잘 미끄러지는 현상을 설명할 수 없습니다.

하지만 또 하나 마찰의 원인으로 짐작할 수 있는 이론이 있었습니다. 분자끼리 끌어당기는 힘으로 인해 두 물체 표면이 서로 당겨져 움직이기 힘들어진다는 응착설(101쪽 참고)입니다. 이것은 동질의 물질이 서로 닿으면 같은 종류의 분자끼리 끌어당기기 때문에 마찰이 커진다는 이론입니다. 하디는 잔과 잔 받침이 유분으로 덮여 있어서, 즉 두 물체 사이에 다른 종류의 분자가 있기 때문에 잔과 잔 받침의 분자가 서로 당기는 힘이 약해져 마찰이 작아졌다고 생각했습니다. 그리고 쏟아진 차로 인해 유분이 씻겨 내려가면 잔과 잔 받침의 분자가 서로 끌어당기는 힘이 강해져 마찰이 커진다고 생각했습니다. 하디의 가설은 응착설을 뒷받침하는 유력한 근거가 되었고 응착설은 추후 실험을 통해 확인되었습니다.

손이 닿기만 해도 식기에는 손의 유분이 묻습니다.✦ 영국에서는 식기를 씻을 때 세제를 넣은 온수에 그릇을 넣었다 빼서 그대로 닦기만 하는 경우가 많은데, 레일리 남작의 에피소드도

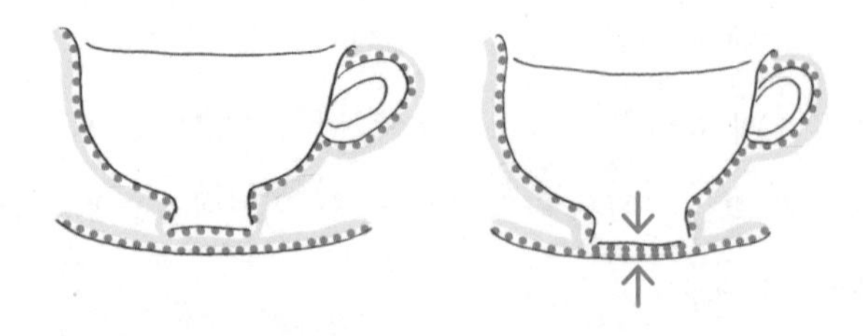

잔과 잔 받침을 덮는 얇은 유분막(노란색 선)이 물에 씻겨 내려가면 잔과 잔 받침의 분자(빨간색 원)가 서로 강하게 끌어당겨 잘 미끄러지지 않게 된다.

유분과 마찬가지로 세제가 잔과 받침에 남아 미끄러웠을 가능성을 배제할 수 없습니다. 이렇듯 물기가 있을 때 더 잘 미끄러지는지, 미끄러지지 않는지를 규정하기란 쉽지 않습니다. 반복해서 말하지만 마찰의 원인은 다양하기 때문입니다. 물체는 마찰이 작을수록 쉽게 움직이지만 잔 받침이나 쟁반처럼 마찰이 커야 하는 도구도 있습니다. 이처럼 도구의 물리 법칙은 그리 단순하지 않습니다.

✦ 물리 실험 시간에 화학실의 비커를 사용한 적이 있습니다. 뜨거운 물만 넣었던 것이라 더럽지 않다고 생각해 그냥 그대로 말려서 제자리에 놓아 두려고 하자 실험 조교가 지적했습니다. "손으로 만지면 손의 유분이 비커에 묻으니까 제대로 씻으세요!" 화학 실험에서 유분은 사용하는 약품에 영향을 미치기 때문에 세제로 깨끗하게 씻고 건조기로 말려야 합니다.

더 알아보기

산의 경사에 숨은 신기한 물리 법칙

일본 각지에는 'OO 후지'라고 불리는 산이 많습니다. 모두 성층 화산이라고 불리는 화산이 분화하고 나서 오랜 세월 동안 변화를 거듭하다가 지금의 모습이 된 경우로, 후지산과 형태가 닮아서 이러한 이름이 붙은 것으로 추정되고 있습니다. 왜 후지산과 경사가 비슷한 산이 많은 것일까요?

그 이유는 산의 모양을 이루고 있는 모래 사이의 임계각과 관련이 있습니다. 모래의 임계각은 쟁반에 마른 모래를 고르게 붙이고 그 위에 모래를 뿌린 후 쟁반을 기울였을 때 모래가 미끄러지기 시작하는 각도를 말합니다. 임계각을 측정했다면 그 모래로 모래 산을 만들어 보세요. 모래 산의 경사면은 모래끼리의 임계각보다 완만합니다. 임계각보다 큰 각도로 모래를 쌓아 올렸다고 해도 결국에는 모래가 미끄러져 내려와 임계각과 같은 각도로 기울어진 모래 산이 완성됩니다.

입자의 크기나 형상에 따라서도 다르지만 모래끼리의 임계각은 27°~29° 정도입니다. 그리고 후지산의 기슭에서 산 정상까지의 경사는 정확히 28°입니다.

‘○○ 후지’라는 이름이 붙은 산들의 경사도 땅의 모래나 흙의 성분, 또는 포함된 수분에 따라 약간씩 달라질 수 있지만 대부분 27°~29°의 경사를 보이는 경우가 많습니다. 산의 경사에도 물리의 법칙이 숨어 있다니, 정말 신기하지 않나요? 참고로 이러한 물리 법칙은 화산의 분화가 아닌 다른 원인으로 만들어진 산에는 적용되지 않는답니다.

스포이트

#기압 #중력

거대한 돌과 같이 크고 무거운 물체는 썰매에 실어서 당기고 두부와 같이 부드러운 물체는 젓가락으로 들어 올려서 옮깁니다. 그렇다면 물과 같은 액체를 옮길 때는 어떻게 해야 할까요? 당연히 병이나 양동이 등의 용기에 담아서 옮길 수 있습니다. 고대 그리스에서 물을 길어 올 때 사용되었던 아티카의 흑회식 도기(도기에 그려진 그림 위에 유약을 발라 검은색으로 구워 내는 기법-옮긴이) 물병에는 큰 물병을 머리에 이고 옮기는 여성의 모습이 그려져 있습니다. 이렇게 형태가 없는 액체를 옮기려면

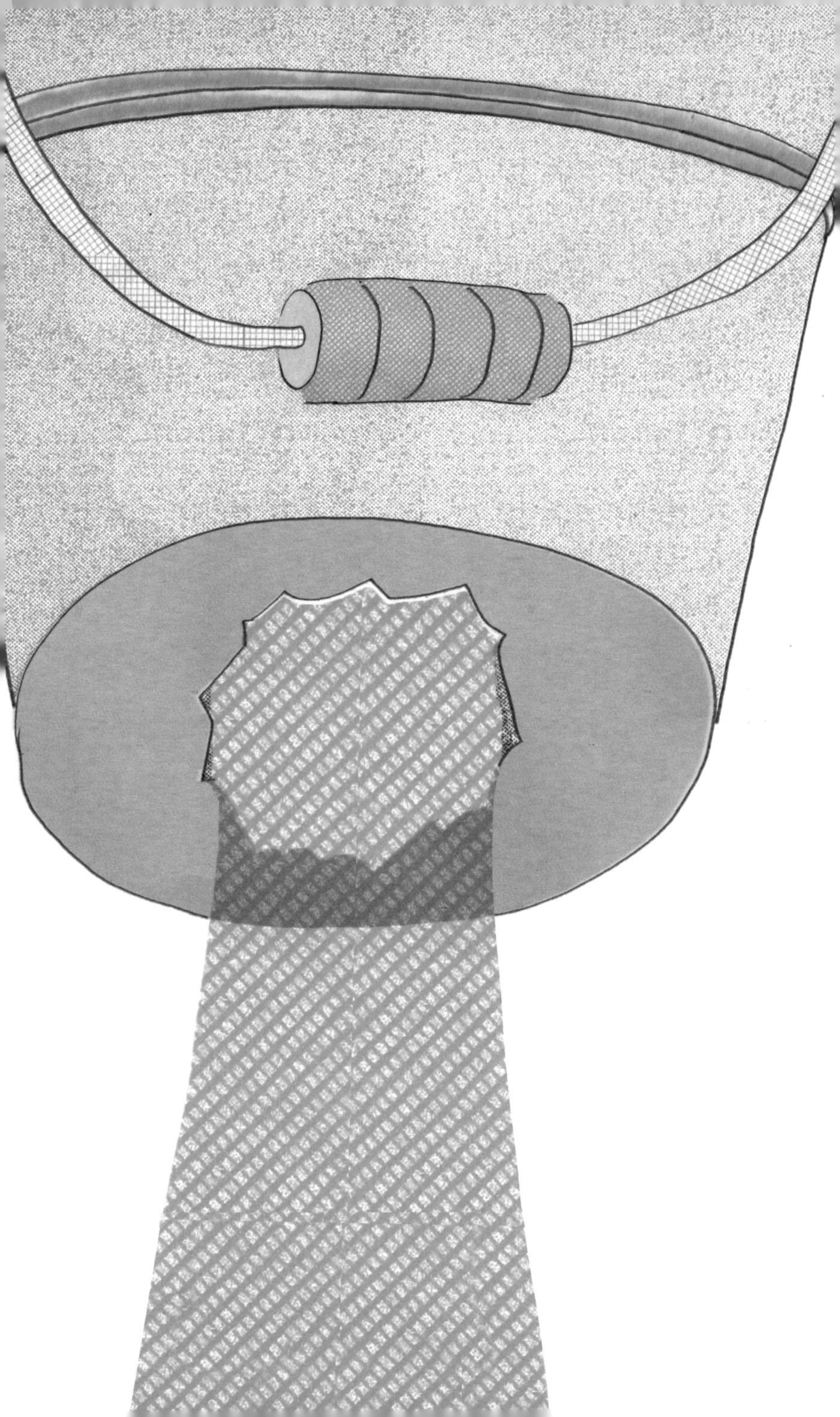

어느 정도 깊고 바닥이 있는 용기가 필요합니다.

: 바닥이 뚫려 있어도 물을 옮길 수 있을까? :

그런데 만약 물을 넣은 양동이 바닥에 구멍이 나 있다면 어떨까요? 물은 중력으로 인해 점점 아래로 떨어지고 순식간에 용기는 텅 비게 될 것입니다. 그렇다면 용기 바닥에 구멍이 뚫린 상태로는 물을 옮길 수 없을까요? 그렇지 않다는 것이 이 장의 주제입니다.

바닥에 구멍이 있어도 운반 도구로서 멋지게 활약하는 도구가 있습니다. 바로 피펫입니다. 이 책을 읽는 독자들 중에는 과학 시간에 피펫을 다루다가 어려움을 겪어 본 사람도 있을 것입니다. 스포이트가 더 익숙할 수도 있을 것 같아, 이번 장에서는 스포이트를 다뤄 보도록 하겠습니다.

액체를 계량하기 위해 사용되는 실험 기구를 피펫, 액체를 빨아올리는 구조나 공기를 저장하는 튀어나와 있는 부분을 스포이트 벌브라고 부릅니다. 우선 빨아올린 액체를 떨어뜨리지 않고 옮기는 스포이트의 구조를 먼저 생각해 봅시다.

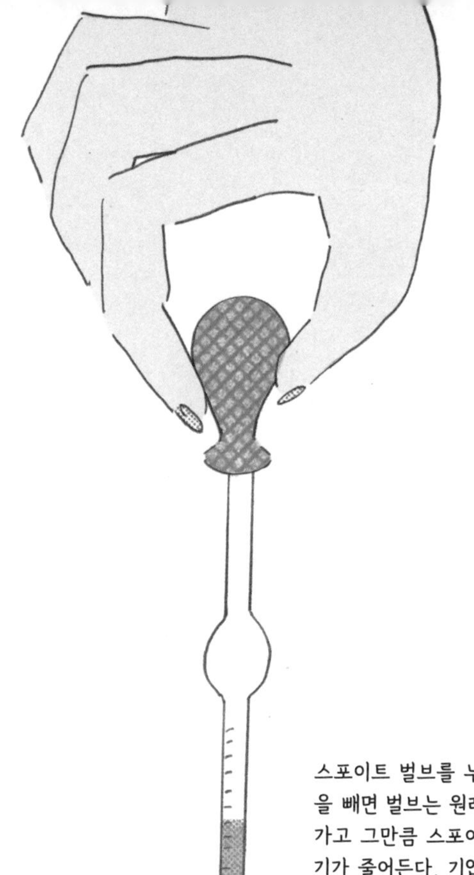

스포이트 벌브를 누르는 손의 힘을 빼면 벌브는 원래 크기로 돌아가고 그만큼 스포이트 내부의 공기가 줄어든다. 기압이 높은 외부 공기는 기압이 낮은 스포이트 안으로 이동하기 위해 액체의 표면을 밀게 되고 밀린 액체가 스포이트 안으로 들어간다.

스포이트는 스포이트 벌브라고 불리는 고무 캡을 끼운 것이나 공기를 저장하는 부분과 관이 붙어 있는 모양의 제품이 일반적입니다. 모두 끝부분에 난 구멍 이외에는 공기가 출입할 수 있는 틈이 없습니다. 스포이트의 끝을 아래로 해도 안에 있는 액체가 나오지 않는 이유는 이렇게 끝부분의 구멍 이외에는 모두 막혀 있기 때문입니다.

: 보이지 않는 힘들이 균형을 이루다 :

우리 주변은 공기로 가득 차 있고 주변의 물체는 대기압으로 인해 균등하게 압력을 받고 있습니다. 스포이트는 이 공기의 힘을 빌려 빨아올린 액체를 떨어뜨리지 않고 원하는 곳으로 옮깁니다. 대기압을 이용한다는 점에서는 흡착판과 같은 원리입니다.

우선 스포이트 벌브를 눌러서 안의 공기를 밖으로 내보내고 그 상태로 스포이트의 끝부분을 물속에 넣습니다. 손가락의 힘을 빼면 눌려 있던 스포이트 벌브는 원래 형태로 돌아갑니다. 스포이트에는 끝부분의 구멍 외에는 공기가 지나다닐 통로

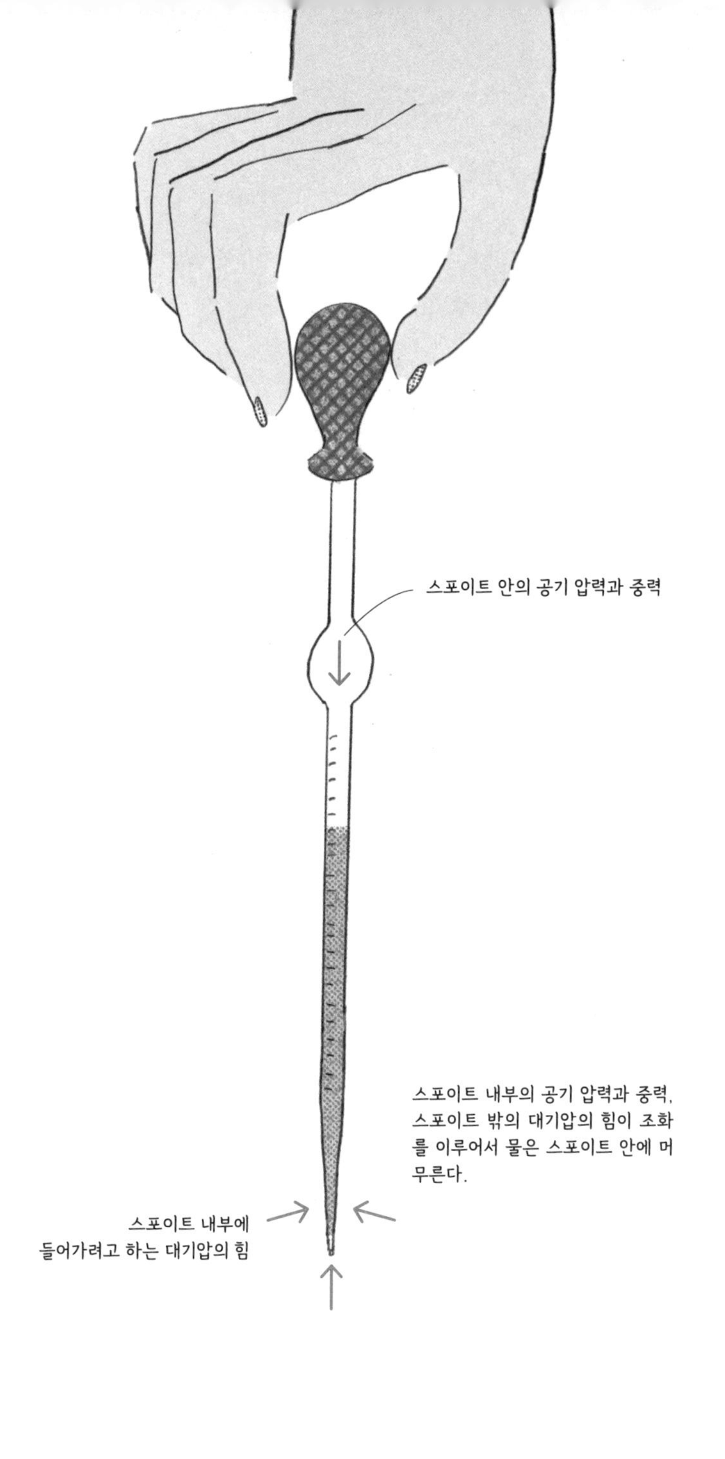
스포이트 안의 공기 압력과 중력
스포이트 내부의 공기 압력과 중력, 스포이트 밖의 대기압의 힘이 조화를 이루어서 물은 스포이트 안에 머무른다.
스포이트 내부에 들어가려고 하는 대기압의 힘

가 없기 때문에 벌브를 누르면 벌브 안의 공기가 줄어들고 스포이트 안과 밖은 기압 차가 발생합니다. 스포이트 안은 기압이 낮고 외부는 기압이 높은 상태이기 때문에 대기압의 압박을 받은 물이 스포이트 구멍을 통해 안으로 들어갑니다. 그대로 스포이트를 물 밖으로 들어 올려도 안으로 빨려 들어간 물은 밑으로 떨어지지 않습니다. 힘이 균형을 이루어서 정지 상태가 되는 것입니다.

스포이트 안에 남아 있는 공기의 압력과 중력으로 인해 스포이트 내부의 물은 아래쪽으로 눌려 있는 상황입니다. 한편 대기는 기압이 낮은 스포이트 안에 들어가려고 주변을 압박하고 있기 때문에 스포이트 끝부분에는 위쪽으로 대기압의 힘이 가해집니다.

이렇게 아래로 향하는 힘과 위로 향하는 힘이 조화를 이루어서 물은 떨어지지 않고 스포이트 안에 머무를 수 있습니다. 마치 중력을 거스르고 떠 있는 것처럼 보이는 스포이트 안의 물은 사실 눈에 보이지 않는 대기압이 떠받들고 있는 것입니다. 이 상태에서 스포이트 벌브를 손가락으로 누르면 아래 방향으로 향하는 힘이 더 커져서 물이 밖으로 밀려 나오게 됩니다.

: 공기의 힘으로 옮기고 측정한다 :

스포이트의 구조에서 공기를 저장하는 벌브 부분이 가장 중요하다고 생각할 수 있지만 사실 이 부분이 볼록한 모양이든 아니든 스포이트는 제 역할을 할 수 있습니다. 예를 들어 관 모양의 빨대도 스포이트 대용으로 사용할 수 있습니다.

물이 담긴 컵에 빨대를 꽂고 입을 대는 부분을 손가락으로 누른 채로 빨대를 들어 올려 보세요. 빨아들인 물이 아래로 떨어지지 않기 때문에 그대로 어디로든 옮길 수 있습니다. 빨대 안의 물은 원래대로라면 중력 때문에 아래로 떨어집니다. 하지만 빨대 끝부분을 손가락으로 눌렀기 때문에 스포이트와 마찬가지로 공기가 움직일 수 없는 상태가 되고 빨대 내의 기압이 크게 낮아집니다. 그렇기 때문에 빨대를 물에서 들어 올려도 대기압의 압박을 받은 물은 빨대 내에 머무를 수 있는 것입니다.

이번에는 빨대를 누르고 있던 손가락을 떼 봅시다. 공기가 들어가는 순간 빨대 내부와 외부의 기압이 동일해지기 때문에 아래에서 물을 받치고 있던 대기압의 힘은 사라지고 물은 중력으로 인해 아래로 떨어집니다.

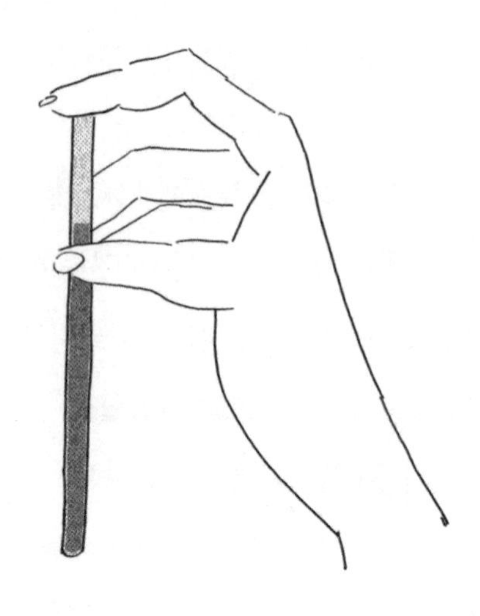

지금은 정확한 계량이 필요할 때 푸시 버튼으로 조작할 수 있는 피펫 필러를 사용하지만 예전에는 튀어나온 부분이 없는 빨대 모양의 피펫이 주로 사용되었습니다. 이러한 타입의 피펫(또는 스포이트)은 관의 위쪽 구멍에 직접 입을 대고 약품을 빨아들인 후 손가락으로 위쪽 구멍을 막습니다. 그리고 눈금을 보면서 누르고 있던 손의 힘을 풀고 조금씩 액체를 흘려보내면서 액체를 계량합니다.

하지만 이러한 방법으로는 약품을 잘못 복용할 위험성이 있습니다. 이 때문에 메이지 시대(1868~1912)에는 콜레라 확산을 예방하기 위해 상부에 고무 캡으로 된 손잡이를 단 피펫이 '코마고메 피펫'이라는 이름으로 세계에 널리 퍼졌습니다. 오늘날 학교에서 주로 사용하는 것도 코마고메 피펫입니다.

약품 계량뿐만 아니라 시음을 위해 사용하는 피펫, 위스키에 물 한 방울을 떨어뜨리기 위한 위스키 워터 드로퍼(물을 한두 방울 정도 떨어뜨려 위스키 본연의 맛과 향을 더욱 풍성하게 하기 위한 도구-옮긴이)도 스포이트의 원리를 잘 활용한 도구입니다. 실험용 스포이트와는 달리 유리로 만들어졌거나 손가락으로 누르는 부분에 천사나 꽃 등의 장식이 달려 있어 그 우아함에 시선을 빼앗기곤 합니다.

물리의 원리를 활용하면 빨대와 같이 하나의 관에 불과한 물체도 액체를 옮기는 도구로 변신합니다. 눈에 보이지 않는 가벼운 공기가 액체를 옮긴다니 정말 흥미롭지 않나요?

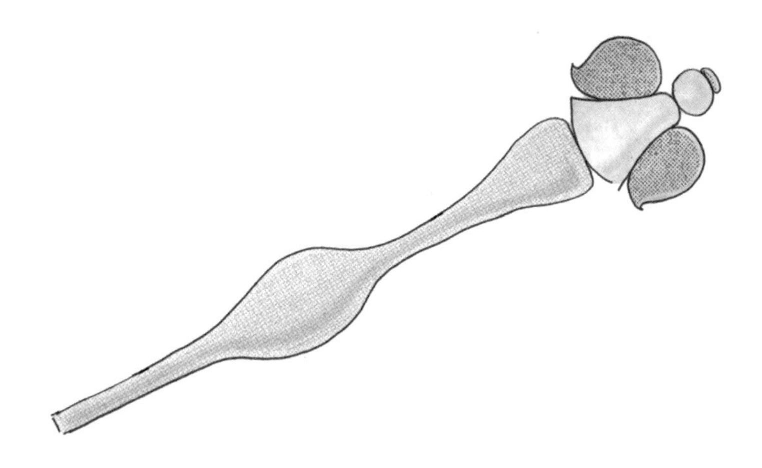

일상의 모든 물건이 새롭게 보이는 물리의 마법

지금 제 눈앞에는 그릇이 하나 있습니다. 옅은 녹색과 은색의 꽃으로 테두리가 꾸며져 있는 프루트 볼입니다. 유럽의 모 유명 도자기 가게에서 약 40년 정도 전에 첫눈에 반해서 구매한 제품입니다. 가난했던 학생 시절, 여행하다 발견한 이 접시는 당시의 주머니 사정으로는 비싸서 도저히 살 수 없는 식기 세트의 구성품이었습니다. 하지만 그 프루트 볼이 자꾸만 아른거렸던 저는 사정사정해서 접시 하나만 단품으로 구매하는 데 성공했습니다.

이 접시에는 처음에 시리얼을 담았는데 나중에는 물을 담아 꽃을 넣어두기도 했습니다. 포프리(꽃이나 식물 잎, 과일 껍질 등을 말린 천연 방향제 - 옮긴이)나 유리구슬을 넣어서 창가에 놓아 두기도 했습니다. 그러다가 물감을 푸는 물통으로 쓰기도 했고, 끝내 지금은 고양이 밥그릇으로 쓰고 있습니다.

꽤 비싸게 구매했지만 이제 고양이 밥그릇이 된 프루트 볼. 접시를 만들었던 사람이 생각했을 원래의 용도에서는 벗어난 물건이 되었지만, 이 책에서 배운 관점으로 다시 생각해 보면 너무나도 당연한 일입니다.

이 접시는 도자기이기 때문에 경도가 있어서 내부에 가해지는 중력을 떠받치는 항력이 있습니다. 열에도 강한 데다가 깊이가 있어서 내용물이 잘 쏟아지지 않고, 질량이 꽤 커서 쉽게 뒤집히지도 않습니다. 이렇듯 과학의 관점에서 보면 각각의 용기에는 공통된 물리적 특징이 있고 다양한 사용법에도 공통된 물리 현상이 숨어 있다는 사실을 알 수 있습니다.

이 책에서는 현대 사회의 필수품인 전기를 사용한 도구에 대해서는 1장의 선풍기, 2장의 단자 외에는 다루지 않았습니다. 물론 이유가 있습니다. 제한된 지면 안에서 도구의 물리를 설명할 때 전기가 가장 기본이 되는 요소는 아니라고 생각했기 때문입니다.

일본의 전래 동화 《가구야 공주》의 앞부분에는 대나무를 캐며 생활하는 할아버지가 나옵니다. 할아버지는 탄성이 있지만 단단하고 쉽게 변형 가능한 대나무를 보며 '만 가지 일에 사용할 수 있다'라고 말합니다. 당시에는 대나무가 훌륭하고 유용하며 두루두루 사용되는 기본적인 소재였던 것입니다.

현대에는 전기가 엄청나게 눈부신 활약을 하고 있습니다. 자기장을 띠면서 도체로 전달되고, 코일 등의 형상에 따라서는 도구를 움직이게 할 수도 있습니다. 전기를 이용해 전파, 열, 빛과 같은 전자파로 바꾸는 일이나 전기 분해 등의 화학 변화를 일으킬 수도 있습니다. 그야말로 다양한 일에 사용할 수 있는데, 전기를 사용한 도구도 최소 부품 단위까지 해체해 보면 거기에는 단순한 중력과 자연계의 전자기력에 의한 기본적인 물리 법칙이 있습니다.

이 책은 언뜻 보면 고전적인 과학 지식을 다루고 있기 때문에 전기 산업이나 IT 산업과는 관계가 없는 것처럼 보일지도 모릅니다. 하지만 이 책에서 소개하는 기본적인 물리 법칙을 알게 되면 전기 제품을 포함해 모든 도구에 숨어 있는 물리의 법칙을 찾아 보고 분석할 수 있는 힘을 얻게 될 것입니다.

이 책에서 다룬 도구는 모두 우리가 일상적으로 사용하는 것들입니다. 너무 친근해서 오히려 대수롭지 않게 생각하는 물건들입니다. 하지만 이 책을 읽고 나서 다시 한번 도구에 감사하는 마음을 가지고 선조들의 지혜, 그리고 물리에 대해서 다시 생각해 보았으면 합니다. 여러분이 오랫동안 사용했거나 소중히 여기는 물건들 그리고 앞으로 만들어질 새로운 도구들을 이해하는 데에 이 책이 조금이나마 도움이 되었기를 바랍니다.

마지막으로 이 책이 완성될 수 있었던 것은 매력적인 그림과 디자인으로 물리의 세계를 다채롭게 표현해 준 일러스트레이터 오쓰카 아야카 님과 디자이너 미야코 미치요 님 그리고 까다로운 저희 둘을 상대로 함께 고군분투해 준 편집자 히라노 사리아 님 덕분입니다. 깊이 감사드립니다.

유키 치요코

옮긴이 **이효진**

한국외국어대학교 통번역대학원 한일과를 졸업한 후 국제 회의 통역사 및 바른번역 소속 번역가로 활동하고 있다. 어렸을 때 일본에서 생활하며 통번역사가 되고 싶다는 꿈을 키웠다. 옮긴 책으로는 《예민한 아이를 키우는 엄마의 불안이 사라지는 책》《때려치우기의 기술》《실수하지 않는 사람들의 사소한 습관》《일하는 당신을 위한 최고의 수면법》《백년 심장 만들기》《오십에서 멈추는 혈관 백세까지 건강한 혈관》 등이 있다.

가위는 왜 가위처럼 생겼을까

초판 1쇄 발행 2024년 7월 31일
초판 2쇄 발행 2024년 11월 4일

지은이 다나카 미유키, 유키 치요코
그린이 오쓰카 아야카
옮긴이 이효진
감수 김범준
펴낸이 민혜영
펴낸곳 오아시스
주소 서울시 마포구 월드컵로14길 56, 3~5층
전화 02-303-5580 | **팩스** 02-2179-8768
홈페이지 www.cassiopeiabook.com | **전자우편** editor@cassiopeiabook.com
출판등록 2012년 12월 27일 제2014-000277호

ISBN 979-11-6827-207-1 03400

• 오아시스는 (주)카시오페아 출판사의 인문교양 브랜드입니다.
• 잘못된 책은 구입하신 곳에서 바꿔드립니다.
• 책값은 뒤표지에 있습니다.

12
3
6
9